普通高等教育土木类专业规划教材

装配式建筑施工

李　楠　张东宁　主编

化学工业出版社

·北　京·

内 容 简 介

《装配式建筑施工》主要介绍了装配式建筑及相关概念、材料及模具、预制构件生产、装配式现场施工工艺、装配式结构装修、装配式施工质量控制、装配式建筑施工与 BIM 技术、高层装配式混凝土建筑施工实例。本书内容系统，图片、案例丰富，部分内容配套视频。

本书适于土木类专业本科、高职等的教学使用，也可供从事装配式施工的专业技术人员学习参考。

图书在版编目（CIP）数据

装配式建筑施工/李楠，张东宁主编. —北京：化学
工业出版社，2021.7（2023.6重印）
普通高等教育土木类专业规划教材
ISBN 978-7-122-38906-0

Ⅰ.①装…　Ⅱ.①李…②张…　Ⅲ.①装配式构件-
建筑施工-高等学校-教材　Ⅳ.①TU3

中国版本图书馆 CIP 数据核字（2021）第 063331 号

责任编辑：刘丽菲
责任校对：赵懿桐　　　　　　　　　　　　装帧设计：关　飞

出版发行：化学工业出版社（北京市东城区青年湖南街 13 号　邮政编码 100011）
印　　装：北京科印技术咨询服务有限公司数码印刷分部
787mm×1092mm　1/16　印张 12¼　字数 325 千字　2023 年 6 月北京第 1 版第 3 次印刷

购书咨询：010-64518888　　　　　　售后服务：010-64518899
网　　址：http://www.cip.com.cn
凡购买本书，如有缺损质量问题，本社销售中心负责调换。

定　　价：49.80 元

前言

装配式建筑是近年来国家大力推广的建筑形式。

在最新发布的《关于加快新型建筑工业化发展的若干意见》中指出：新型建筑工业化是通过新一代信息技术驱动，以工程全寿命期系统化集成设计、精益化生产施工为主要手段，整合工程全产业链、价值链和创新链，实现工程建设高效益、高质量、低消耗、低排放的建筑工业化。以装配式建筑为代表的新型建筑工业化的快速推进，使工程建造水平和建筑品质明显提高。因此推广和应用装配式建筑是现阶段工程建设领域的重要任务。

本书主要围绕最新颁布的装配式混凝土建筑技术领域有关国家标准、规程和地方标准等，对装配式混凝土建筑的材料、预制构件生产工艺、安装工艺、质量控制、装配式装修以及 BIM 技术在其中的应用等多个方面进行了全面深入的介绍，结合工程实例展示了装配式混凝土建筑施工的全过程。

本书注重理论和实践紧密结合，与时俱进，在加强对装配式建筑施工基本概念和工艺介绍的同时，重点提升学习者装配式专业技能的应用能力和创新能力。书中配有大量的现场及施工工艺图片、部分施工工艺辅以视频及动画素材，便于学习者全方位、立体化学习。

本书由李楠、张东宁主编，郗亚军、王敦军、高峰、战玉宝、吴新华、王辉、李贺、张广玺、任涛、牟鑫浩等参加了本书部分章节内容及习题的编写工作。

在编写过程中借鉴和参考了相关资料，在此对提供文献资料的专家学者表示衷心的感谢。

由于装配式施工技术发展迅速，不断涌现新工艺，行业标准也在不断完善，加之作者理论水平有限，书中难免有不足之处，敬请读者批评指正。

编　者

二〇二二年七月

目录

第一章

绪　论

第一节　装配式建筑及相关概念

一、装配式建筑基本概念

装配式建筑是用预制部品部件在工地装配而成的建筑。

装配式建筑主要包括装配式混凝土建筑、装配式钢结构建筑及装配式木结构建筑三类。《装配式混凝土建筑技术标准》（GB/T 51231）对装配式建筑的定义是：结构系统、外围护系统、设备与管线系统、内装系统的主要部分采用预制部品部件集成的建筑。

装配式建筑的结构系统主要由梁、叠合板、柱、剪力墙和支撑等承受或传递荷载作用的结构构件组成。装配式建筑一般可采用标准化设计、工厂化生产、装配化施工、信息化管理，从而将传统建造方式中的大量现场作业转移到工厂进行，带来了生产方式的巨大变革。见图 1.1～图 1.4。

图 1.1　国家某新区装配式建筑

图 1.2　某新区市民活动中心装配式建筑

图 1.3　装配式钢结构工程

图 1.4　装配式木结构工程

建筑工业化是指采用标准化设计、工厂化生产、装配化施工和信息化管理为主要特征的生产方式，并在设计、生产、施工、开发等环节形成完整的、有机的产业链，实现房屋建造全过程的工业化、集约化和社会化，从而提高建筑工程质量和效益，实现节能减排与资源节约，工业化建造模式的特点见图1.5。

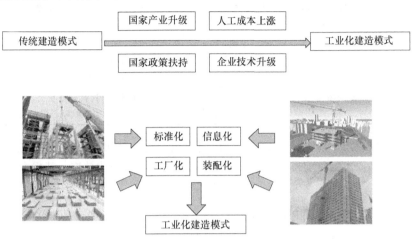

图 1.5　工业化建造模式的特点

装配式建筑的发展将会有力促进我国建筑业领域建筑工业化生产方式的重大转变。

二、装配式建筑与传统施工方式比较

随着国家政策的引导和建筑业的发展，装配式建筑迎来高速的发展期。装配式建筑和传统的现浇混凝土结构有明显区别，两种建造方式的建设流程见图1.6，两种体系在品质、工期、成本、节能环保方面的区别见表1.1。

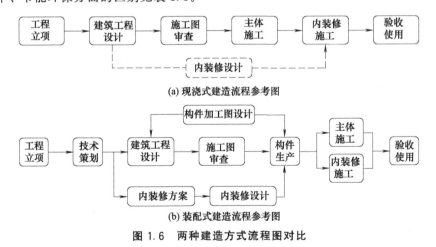

图 1.6　两种建造方式流程图对比

表 1.1　两种技术体系的对比

项目	装配式技术体系	传统现浇技术体系
品质	工业化方式的材质与预制混凝土结构在防水、防火、隔音、抗渗、抗震、防裂方面能做到更好，确保产品出厂品质	传统方式对工艺质量的管控较难，工人素质不一，手工作业品质监控难度高，容易出现渗水、开裂、空鼓等质量通病

项目	装配式建设体系	传统现浇建筑体系
工期	大部分构件部品在工厂流水线完成,不受天气影响。施工进度 5 天一层,水电安装与主体层、装修同步,进度大大提前。整体交付时间一般比传统快 30%～50%	较成熟的施工队可以达到一次结构工程 5 天一层,但还需要砌砖、抹灰等二次结构
成本	标准产品,统一设计,统一采购,大于 10 万平方米的建筑体量后,价格基本与传统方式持平	规划设计反复、材料选型采购不一,项目成本测算差距大,目标成本难以准确制订,施工过程设计变化多,签证过多,过程成本控制难度大
节能环保	工地干净整洁,节水 80%,节能 70%,节时 70%,节材 20%,节地 20%。安全事故基本无	浪费资源,材料耗费量大,扬尘起灰,建筑垃圾多,噪声大、污水多、易发生安全事故

从表 1.1 可以看出,装配式建设体系与传统现浇建设体系相比,在品质、工期和节能环保上优势明显,在成本上目前虽然稍高,但随着技术发展和规模化效应,其成本会逐渐降低。

三、装配式混凝土建筑的特点

装配式混凝土建筑的特点主要表现在以下几个方面。

(1) 可以制作各种轻质隔墙分割室内空间,房间布置灵活多变。

(2) 施工方便,模板和现浇混凝土现场作业少,预制楼板无需支撑,叠合楼板模板少。采用预制或半预制形式,现场湿作业大大减少,有利于保护环境和减少噪声污染,可以减少材料和能源浪费。

(3) 建造速度快,对周围环境影响小。建筑尺寸符合模数,建筑构件较标准,具有较大的适应性,预制构件表面平整,外观好、尺寸准确,并且能将保温、隔热、水电管线布置等多方面布置结合起来,系统集成效果好。

(4) 预制结构周期短,资金回收快。由于减少了现浇结构的支模、拆模和混凝土养护等时间,施工速度大大加快,从而缩短了投资回收周期,减少了整体成本投入,具有明显的经济效益。

(5) 装配式建筑还可以充分利用工业废料变废为宝,以节约良田和其他材料。近年来在大板建筑中已广泛应用粉煤灰矿渣混凝土墙板,在砌块建筑中已广泛使用烟灰砌块砖等。

(6) 装配式建筑建造的过程中,可以实现全自动化生产和现代化控制,在一定程度上促进了建筑的工业化大生产。

四、预制率和装配率的概念

(一) 预制率

预制率是指单位建筑±0.000 标高以上,结构构件采用预制混凝土构件的混凝土用量占全部混凝土用量的体积比。计入的预制混凝土构件类型包括:剪力墙、延伸墙板、柱、支撑、梁、桁架、屋架、楼板、楼梯、阳台板、空调板、女儿墙、雨篷等。

一般情况下,预制混凝土建筑的基础、首层、顶层楼板、楼板叠合层和一些构件的结合部位需要现浇混凝土,有的高层建筑的裙楼部分由于层数少开模量大也选择现浇。对于有抗震要求的建筑，规范会规定一些部位必须现浇，如框架剪力墙结构的剪力墙、筒体结构的剪力墙核心筒、剪力墙结构的边缘构件等。

如果只有叠合楼板、楼梯和阳台构件预制，预制率 10％左右；再考虑外墙板预制，预制率可达到 20％以上；大多数构件都预制的话，预制可达到 60％以上。

（二）装配率

装配率是指单位建筑±0.000 标高以上，围护和分隔墙体，装修与设备管线采用预制部品部件的综合比例。装配率是评价装配式建筑的重要指标之一（《装配式建筑评价标准》GB/T 51129），也是政府制定装配式建筑扶持政策的主要依据指标。

装配式混凝土结构单体建筑应同时满足预制率和装配率的要求；钢结构单体建筑应满足装配率的要求。装配率是单体建筑室外地坪以上的主体结构、围护墙和内隔墙、装修和设备管线等采用预制部品部件的综合比例。

通常，预制率单指预制混凝土的比例，而装配率除了需要考虑预制混凝土之外还需要考虑其他预制部品部件（如一体化装修、管线分离、干式工法施工等）的综合比例。目前我国各地对装配式建筑的考核大多只要求装配率指标，只有少数地区除装配率外同时对预制率指标也有要求。

第二节 装配式建筑的发展历史

一、装配式建筑在国外的发展历史

1851 年在伦敦建成的用铁骨架嵌玻璃的水晶宫是世界上第一座大型装配式建筑。1891 年，巴黎 Cogent 公司首次在 Biarritz 的俱乐部建筑中使用装配式混凝土梁，这是世界上的第一个预制混凝土构件。

20 世纪 20 年代初，英、法、苏联等国家做了装配式建筑的尝试。第二次世界大战后，由于欧洲大陆的建筑遭受重创，劳动力资源短缺，为加快住宅的建设速度，欧洲各国在住宅建设领域发展了装配式混凝土建筑。

20 世纪 60 年代初期，装配式混凝土建筑得到大量推广，装配式混凝土住宅的比重占 18％至 26％，之后随着住宅问题的逐步解决而下降。法国装配式构造体系以预制混凝土体系为主，钢、木结构体系为辅，在集合住宅中多用于独户住宅；多采用框架或者板柱体系，焊接、螺栓连接等干法作业流行，结构构件与设备、装修工程分开，减少预埋，生产和施工质量高；采用的预应力混凝土装配式框架结构体系，装配率达到 80％。德国装配式住宅主要采用叠合板混凝土剪力墙结构体系；剪力墙板、梁、柱、楼板、内隔墙板、外挂板、阳台板、空调板等构件采用构件预制与混凝土现浇相结合的建造方式。图 1.7 为早期欧洲装配式建筑。

美国的装配式混凝土住宅起源于 20 世纪 30 年代，70 年代中期美国国会通过了国家工业化住宅建造及安全法案，开始出台一系列严格的行业规范标准。90 年代初期美国在预制预应力混凝土协会的年会上提出将装配式混凝土建筑的发展作为美国建筑业发展的契机，由

图 1.7　早期欧洲装配式建筑

此带来装配式混凝土建筑在美国长足的发展。目前混凝土结构建筑中，装配式混凝土建筑的比例占到了 35% 左右，有三十多家专门生产单元式建筑的公司；相比用传统方式建造的同样房屋，只需花不到 50% 的费用就可以购买一栋装配式混凝土住宅。

日本装配式建筑的研究是从 1955 年日本住宅公团成立时开始的，以住宅公团为中心展开。住宅公团解决城市化过程中中低层收入人群的居住问题。20 世纪 60 年代中期，日本装配式混凝土住宅有了长足发展，预制混凝土构配件生产形成独立行业，住宅部品化供应发展很快。1973 年建立装配式混凝土住宅准入制度，标志着作为体系建筑的装配式混凝土住宅起步。历时约 30 年，形成了若干种较为成熟的装配式混凝土住宅结构体系。进入 21 世纪，日本每年新竣工的装配式混凝土住宅约为 3000 万平方米。

综上所述，发达国家和地区装配式混凝土住宅的发展大致经历了三个阶段：第一阶段是装配式混凝土建筑初期，重点建立装配式混凝土建筑生产体系；第二阶段是装配式混凝土建筑发展期，逐步提高产品的质量和性价比；第三阶段是装配式混凝土建筑成熟期，降低住宅的物耗和环境负荷，发展资源循环型住宅。

二、装配式混凝土结构在国内的发展历史

（一）建造技术发展过程

1. 发展初期

我国装配式混凝土结构的应用起源于 20 世纪 50 年代。借鉴苏联的经验，在全国建筑生产企业推行标准化、工厂化和机械化，发展预制构件和装配式建筑。较为典型的建筑体系有装配式单层工业厂房建筑体系、装配式多层框架建筑体系、装配式大板住宅建筑体系等。从 20 世纪 60 年代初到 80 年代初期，预制构件生产经历了研究、快速发展、使用、发展停滞等阶段。

2. 发展起伏期

20 世纪 80 年代初期，建筑业曾经开发了一系列新工艺，如大板、升板体系、预制装配式框架体系等。到 80 年代中叶，标准化体系快速建立，北方地区形成了通用的全装配住宅体系，北京、上海、天津、沈阳等多地采用装配式建造方式建设了较大规模的居住小区，装配式建筑的应用达到全盛时期，全国许多地方都形成了设计、制作和施工安装一体化的装配式建筑建造模式。装配式建筑和采用预制空心楼板的砌体建筑成为两种最主要的建筑体系，应用普及率达 70% 以上。但在进行了这些有益的实践之后，受当时经济条件和技术水平的限制，上述装配式建筑的功能和物理性能等逐渐显露出许多缺陷和不足，致使到 80 年代末，装配式建筑开始迅速滑坡。造成发展缓慢的原因，主要有以下几方面：

（1）受设计概念的限制，结构体系追求全预制，尽量减少现场的湿作业量，导致在建筑高度、建筑形式、建筑功能等方面有较大的局限；

（2）受当时的材料和技术水平的限制，预制构件接缝和节点处理不当，引发渗、漏、裂、保温性差等建筑物理问题，影响正常使用；

（3）我国改革开放初期，农村大量劳动者涌向城市，大量未经过专门技术训练的农民工进入建筑业，使得有一定技术难度的装配式结构失去性价比的优势，导致发展停滞。

3. 发展提升期

国务院发布了《关于推进住宅产业现代化提高住宅质量的若干意见》，明确了推进住宅产业现代化工作的指导思想、主要目标、重点任务、技术措施和相关政策，提出"加快住宅建设从粗放型向集约型转变，推进住宅产业现代化，提高住宅质量，促进住宅建设成为新的经济增长点。"这一时期内我国开展住宅产业现代化工作有了纲领性文件，对于促进我国住宅产业的健康、可持续发展具有重大意义，由此装配式建筑发展进入一个崭新阶段。

4. 快速发展期

《国民经济和社会发展第十二个五年规划纲要》提出"十二五"时期全国城镇保障性安居工程建设任务，这标志着我国进入了大规模保障性住房建设时代。保障性住房以政府为主导、易于形成标准化的特点，这为推进装配式建筑创造了历史性的发展机遇。同时国家出台了一系列推进装配式建筑发展的政策文件，逐步营造了良好的发展氛围。住房和城乡建设部通过在经济和技术政策研究、相关标准规范制定、试点示范工程引导推进、龙头企业培育等方面开展卓有成效的工作，有力推进了装配式建筑和住宅产业现代化工作健康有序发展。

5. 全面发展期

中央城市工作会议的召开，奠定了未来我国城市建设和发展的思路。会议提出：要大力推动建造方式创新，以推广装配式建筑为重点，通过标准化设计、工厂化生产、装配化施工、一体化装修、信息化管理、智能化应用，促进建筑产业转型升级。同时随着《关于大力发展装配式建筑的指导意见》和《关于加快新型建筑工业化发展的若干意见》等一系列政策措施的发布，我国装配式建筑迎来了巨大的发展良机，进入了全面发展期。

（二）建造技术标准发展过程

我国现行的装配式建筑工程建设标准可以按照以下方法分类：按照级别，可分为国家标准、行业标准、地方标准和协会标准；按照专业，可分为建筑领域标准、结构领域标准、设备领域标准等；按照用途，可分为评价标准、设计标准、技术标准、施工验收标准、产品标准等。

20世纪50年代末，编制了单层工业厂房结构构件和配件成套标准设计，这是我国第一套全国通用的单层厂房标准设计；同时还编制了我国第一套建筑设备专业标准设计，包括采暖、通风、动力、电气、给水排水四个专业。随后的20年间，完善了单层厂房构配件成套标准设计，对主要承重构件都做了大量的结构试验，尤其对承受中、重级工作制吊车梁完成了200万次、400万次动力疲劳试验等系统试验，保证这一套标准设计质量安全可靠、经济合理。20世纪七八十年代，特别在改革开放初期，国家标准《预制混凝土构件质量检验评定标准》、行业标准《装配式大板居住建筑设计和施工规程》以及协会标准《钢筋混凝土装配整体式框架节点与连接设计规程》等相继出台。20世纪80年代末到21世纪初，装配式结构在民用建筑中的应用处于低潮阶段。近年来，随着国民经济的快速发展、工业化与城镇化进程的加快、劳动力成本的不断增长，我国在装配式结构方面的研究与应用逐渐升温，一些地方政府积极推进，一些企业积极响应，开展相关技术的研究与应用，并形成了良好的发展态势。特别是为了满足我国装配式结构工程应用的需求，组织编制和修订了国家标准《装配式建筑评价标准》（GB/T 51129）、行业标准《装配式混凝土结构技术规程》（JGJ 1—2014）、产品标准《钢筋连接用套筒灌浆料》（JG 408）等，北京、上海、深圳、辽宁、黑龙江、安徽、江苏、福建等省市也陆续编制了相关的地方标准。

（三）装配式建筑发展目标

我国部分省市装配化发展目标见表1.2。

表1.2　我国部分省市装配式建筑规划政策汇总表

地区	政策名称	相关内容
北京	《北京市人民政府办公厅关于加快发展装配式建筑的实施意见》	到2018年,实现装配式建筑占新建建筑面积的比例达到20%以上,到2020年,实现装配式建筑占新建建筑面积的比例达到30%以上
上海	《上海市装配式建筑2016—2020年发展规划》	"十三五"期间,全市装配式建筑的单体预制率达到40%以上或装配率达到60%以上
天津	《天津市装配式建筑"十三五"发展规划》	到2020年,全市装配式建筑占新建建筑面积的比例达到30%以上;2025年,全市国有建设用地新建项目具备条件的100%实施装配式建筑
重庆	《重庆市装配式建筑产业发展规划(2018—2025年)》	到2020年,全市装配式建筑面积占新建建筑面积的比例达到15%以上,力争达到20%;到2025年,全市装配式建筑面积占新建建筑面积的比例达到30%以上,力争达到35%
黑龙江	《黑龙江省人民政府办公厅关于推进装配式建筑发展的实施意见》	到2020年末,全省装配式建筑占新建建筑面积的比例不低于10%;到2025年末,全省装配式建筑占新建建筑面积的比例力争达到30%
吉林	《吉林省人民政府办公厅关于大力发展装配式建筑的实施意见》	到2020年,长春、吉林两市装配式建筑占新建建筑面积比例达到20%以上,其他设区城市达到10%以上;2021—2025年,全省装配式建筑占新建建筑面积的比例达到30%以上
辽宁	《辽宁省人民政府办公厅关于大力发展装配式建筑的实施意见》	到2020年底,全省装配式建筑占新建建筑面积的比例力争达到20%以上;到2025年底,全省装配式建筑占新建建筑面积比例力争达到35%以上
河北	《河北省装配式建筑"十三五"发展规划》	到2020年,全省装配式建筑占新建建筑面积的比例达到20%以上;到2025年全省装配式建筑占新建建筑面积的比例达到30%以上
山西	《山西省人民政府办公厅关于大力发展装配式建筑的实施意见》	到2020年底,全省11个设区城市装配式建筑占新建建筑面积的比例达到15%以上,其中太原市、大同市力争达到25%以上;到2025年底,装配式建筑占新建建筑面积的比例达到30%以上
河南	《河南省住房和城乡建设厅关于推进建筑产业现代化的指导意见》	到2020年年底,全省装配式建筑占新建建筑面积的比例达到20%;到2025年年底,全省装配式建筑占新建建筑面积的比例力争达到40%
湖北	《湖北省人民政府办公厅关于大力发展装配式建筑的实施意见》	到2020年,武汉市装配式建筑面积占新建建筑面积比例达到35%以上;到2025年,全省装配式建筑面积的比例达到30%以上
山东	《山东省装配式建筑发展规划(2018—2025)》	到2020年,济南、青岛装配式建筑占新建建筑比例到30%以上,其他设区城市和县(市)分别达到25%、15%以上;到2025年,全省装配式建筑占新建建筑比例达到40%以上
湖南	《湖南省人民政府办公厅关于加快推进装配式建筑发展的实施意见》	到2020年,全省市州中心城市装配式建筑占新建建筑比例达到30%以上

地区	政策名称	相关内容
内蒙古	《内蒙古自治区人民政府办公厅关于大力发展装配式建筑的实施意见》	2020年,全区新开工装配式建筑占当年新建建筑面积的比例达到10%以上;2025年,全区装配式建筑占当年新建建筑面积的比例力争达到30%以上
江苏	《关于加快推进建筑产业现代化促进建筑产业转型升级的意见》	到2020年,全省装配式建筑占新建建筑比例将达到30%以上,到2025年全省装配式建筑占新建建筑的比例超过50%,装饰装修装配化率达到60%以上
安徽	《安徽省人民政府办公厅关于大力发展装配式建筑的通知》	到2020年,装配式建筑占新建建筑面积的比例达到15%;到2025年,力争装配式建筑占新建建筑面积的比例达到30%
浙江	《浙江省人民政府办公厅关于推进绿色建筑和建筑工业化发展的实施意见》	到2020年,浙江省装配式建筑占新建建筑的比重达到30%,单体装配化率达到30%以上
江西	《江西省人民政府关于推进装配式建筑发展的指导意见》	2020年,全省采用装配式施工的建筑占同期新建建筑的比例达到30%。到2025年底,全省采用装配式施工的建筑占同期新建建筑的比例力争达到50%
福建	《福建省人民政府办公厅关于大力发展装配式建筑的实施意见》	到2020年,全省实现装配式建筑占新建建筑的建筑面积比例达到20%以上;到2025年,全省实现装配式建筑占新建建筑的建筑面积比例达到35%以上
广东	《广东省人民政府办公厅关于大力发展装配式建筑的实施意见》	珠三角城市群,到2020年,装配式建筑占新建建筑面积比例达到15%以上;到2025年年底前,装配式建筑占新建建筑面积比例达到35%以上
广西	《关于大力推广装配式建筑促进我区建筑产业现代化发展的指导意见》	到2020年,全区装配式建筑占新建建筑面积的比例达到20%以上,到2025年底,全区装配式建筑占新建建筑的比例力争达到30%
海南	《海南省建筑产业现代化(装配式建筑)发展规划(2018—2022)》	到2020年,全省装配式建筑占新建建筑面积的比例达到50%;到2022年,全省装配式建筑占新建建筑面积的比例达到100%
陕西	《陕西省人民政府办公厅关于大力发展装配式建筑的实施意见》	装配式建筑占新建建筑的比例,2020年重点推进地区达到20%以上,2025年全省达到30%以上
甘肃	《甘肃省人民政府办公厅关于大力发展装配式建筑的实施意见》	到2025年,力争装配式建筑占新建建筑面积的比例达到30%以上
宁夏	《关于大力发展装配式建筑的实施意见》	到2020年,装配式建筑占同期新建建筑的比例达到10%;到2025年,全区装配式建筑占同期新建建筑的比例达到25%
青海	《青海省人民政府办公厅关于推进装配式建筑发展的实施意见》	到2020年,全省装配式建筑占同期新建建筑的比例达到10%以上
新疆	《新疆维吾尔自治区关于大力发展自治区装配式建筑的实施意见》	到2020年,装配式建筑占新建建筑面积的比例,积极推进地区达到15%以上,鼓励推进地区达到10%以上;到2025年,全区装配式建筑占新建建筑面积的比例达到30%
四川	《四川省人民政府办公厅关于大力发展装配式建筑的实施意见》	到2020年,全省装配式建筑占新建建筑的30%,装配率达到30%以上;到2025年,装配率达到50%以上的建筑,占新建建筑的40%
贵州	《贵州省政府办公厅下发关于大力发展装配式建筑的实施意见》	到2020年底,全省装配式建筑占新建建筑面积的比例达到10%以上;力争到2025年底,全省装配式建筑占新建建筑面积的比例达到30%

地区	政策名称	相关内容
云南	《云南省人民政府办公厅关于大力发展装配式建筑的实施意见》	到2020年,昆明市、曲靖市、红河州装配式建筑占新建建筑面积比例达到20%;到2025年,力争全省装配式建筑占新建建筑面积比例达到30%,其中昆明市、曲靖市、红河州达到40%
西藏	《西藏自治区人民政府办公厅关于推进高原装配式建筑发展的实施意见》	2020年,确保国家投资项目中装配式建筑占同期新建建筑面积的比例不低于30%

结合《关于大力发展装配式建筑的指导意见》及《"十三五"装配式建筑行动方案》等政策可知,我国装配式建筑发展目标为2020年全国装配式建筑占新建建筑的比例达到15%,2025年全国装配式建筑占新建建筑的比例达到30%。从各个省市规划目标可知,达到国家要求的省市数量超过四分之三。

第三节 装配式混凝土技术应用现状

一、结构体系应用现状

目前应用最多的装配式混凝土结构体系是装配整体式混凝土剪力墙结构,装配整体式混凝土框架结构也有一定的应用。新型的装配式混凝土建筑发展是从装配式混凝土住宅开始的,近年来装配整体式混凝土剪力墙结构住宅发展迅速,得到大量的推广和应用。

(一)装配式混凝土框架结构

1. 装配式框架结构特点及适用范围

装配式混凝土框架结构的特点是:梁、柱均预制,框架柱竖向受力钢筋采用套筒灌浆技术进行连接,节点区域装配现浇,采用这种做法的预制构件比较规整,易于运输。装配式框架结构设计的重点在于预制构件的连接、节点区钢筋的布置等。混凝土框架结构计算理论比较成熟,布置灵活,容易满足不同的建筑功能需求,在多层、高层结构中应用较广。框架结构的构件比较容易实现规模化和标准化,连接节点较简、种类较少,构件连接的可靠性容易得到保证。装配式框架结构的单个构件重量较小,吊装方便,对现场起重设备的起重量要求较低,可以根据具体情况确定预制方案。结合外墙板、内墙板、预制楼板或预制叠合楼板的应用,装配式框架结构可以实现较高的预制率,详见图1.8。

2. 装配式框架结构主要形式

目前,国内研究和应用的装配式混凝土框架结构,根据构件的预制率及连接形式大致分为以下几种。

(1)竖向构件(框架柱)现浇,水平构件(梁、板、楼梯等)采用预制构件或预制叠合,这种形式是早期装配式混凝土框架结构的常用做法。

(2)竖向构件及水平构件均采用预制,通过梁柱后浇节点区进行整体连接,这种构件预

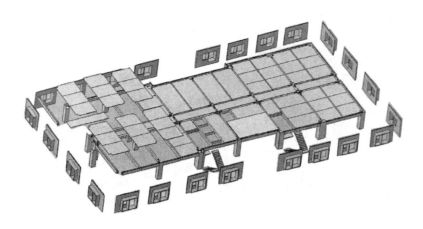

图 1.8　装配式混凝土框架结构示意

制及连接形式已纳入了《装配式混凝土结构技术规程》（JGJ 1）做为装配式混凝土框架结构设计的常用做法。

（3）竖向构件及水平构件均采用预制，梁、柱内预埋型钢通过螺栓连接或焊接节点区后浇混凝土，形成整体结构。

（4）采用钢支撑或耗能减震装置实现高层框架结构构件的全装配化。这种装配式混凝土框架-钢支撑结构体系，提高了建筑物的抗震性能和装配式结构的适用高度。

（5）梁柱节点区域和周边部分构件整体预制，在梁柱构件应力较小处连接，这种做法的特点是将框架结构施工中最为复杂的节点部分在工厂预制，避免了节点区各向钢筋交叉避让的问题，但其对预制构件精度要求高，运输和吊装较为困难。

我国目前装配式框架结构的适用高度较低，仅适用于多层、小高层建筑（最大适用高度见表 1.3），其最大适用高度低于剪力墙结构或框架-剪力墙结构。因此，装配式混凝土框架结构主要应用于厂房、仓库、商场、停车场、办公楼、教学楼、医务楼、商务楼以及住宅等建筑。

表 1.3　装配式混凝土框架结构最大适用高度　　　　　　　　　　　　单位：m

非抗震设计	抗震设防烈度			
	6 度	7 度	8 度	9 度
70	60	50	40	30

（二）装配式混凝土剪力墙结构

1. 装配式混凝土剪力墙结构的特点及适用范围

国外对装配式混凝土剪力墙建筑的研究、试验和经验不多，工程应用较装配式混凝土剪力墙结构具有无梁柱外露、楼板可直接支承在墙上、房间墙面及天花板平整等优势，深受国人认可。近年来装配式混凝土剪力墙结构被广泛应用于住宅、宾馆建筑中，成为我国应用最多的一种装配式结构体系（图 1.9）。

国内对装配式混凝土结构的规定较为严格，考虑预制墙中竖向接缝对剪力墙刚度有一定影响，《装配式混凝土结构技术规程》（JGJ 1）规定的适用高度低于现浇剪力墙结构高度，对比同级别抗震设防烈度的现浇剪力墙结构高度通常降低 10m。当预制剪力墙底部承担总剪力超过 80%时，建筑适用高度与装配式框架结构构件较简单、采用较少数量的高强度、大

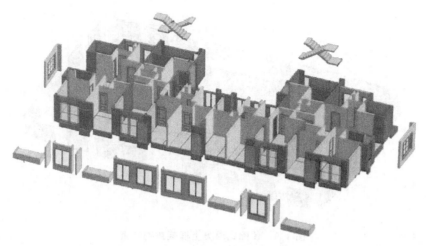

图 1.9　装配式混凝土剪力墙结构示意

直径钢筋的连接方式而言，装配式剪力墙结构的剪力墙连接面积大、钢筋直径小、钢筋间距小、连接复杂，施工过程中很难做到对连接节点灌浆作业的全过程质量监控。因此，在装配式剪力墙设计中，建议部分剪力墙预制、部分剪力墙现浇，现浇剪力墙作为装配式剪力墙结构的一道防线。

2. 装配式混凝土剪力墙结构主要形式

（1）部分或全部预制剪力墙承重体系（图 1.10、图 1.11）

通过竖缝节点区后浇混凝土和水平缝节点区后浇混凝土带或圈梁实现结构的整体连接；竖向受力钢筋采用套筒灌浆、浆锚搭接等连接技术实现连接。北方地区外墙板一般采用夹心保温墙板，它由内叶墙板、夹心保温层、外叶墙板三部分组成，内叶墙板和外叶墙板之间通过拉结件联系，可实现外装修、保温、承重一体化。

图 1.10　装配整体式剪力墙结构住宅

图 1.11　夹心保温预制混凝土外墙板

（2）叠合式剪力墙

即将剪力墙从厚度方向划分为三层，内外两层预制，通过桁架钢筋连接，中间现浇混凝土。墙板竖向分布钢筋和水平分布钢筋通过附加钢筋实现间接搭接。

（3）预制剪力墙外墙模板

剪力墙外墙通过预制的混凝土外墙模板和现浇部分形成，其中预制外墙模板设桁架钢筋与现浇部分连接，可部分参与结构受力。

二、预制构件生产技术应用现状

随着装配式混凝土结构的大量应用，各地预制构件生产企业在逐步增加，预制构件主要包括预制墙板、梁、柱、叠合板、阳台、空调板、女儿墙等。

装配式建筑对预制构件的要求相对较高，主要表现为：构件尺寸及各类预埋预留定位尺寸精度要求高；外观质量要求高；集成化程度高。这些都要求生产企业在工厂化生产构件技术方面有更高的水平。

在生产线方面有固定台座或定型模具的生产方式，也有机械化、自动化程度较高的流水线生产方式，在生产应用中针对各种构件的特点各有优势。

为追求建筑立面效果以及构件美观，清水混凝土预制技术、饰面层反打技术、彩色混凝土等相关技术也得到很好应用。其他如脱模剂、缓凝剂等很多生产技术也在不断发展。

由于预制构件生产技术较现场现浇混凝土更为严格，随着预制技术的迅速发展和提高，其质量控制标准等还有待完善和补充。目前，许多地方标准为该项工作提供技术支持，如：北京、上海、沈阳、合肥、福建等地先后出台了预制构件制作、施工及质量验收标准。

三、连接技术应用现状

装配式混凝土结构通过构件与构件、构件与后浇混凝土、构件与现浇混凝土等关键部位的连接保证结构的整体受力性能，连接技术的选择是设计中最为关键的环节。目前，高层建筑基本上采用装配整体式混凝土结构，即预制构件之间通过可靠的连接方式，与现场后浇混凝土、水泥基灌浆料等形成整体的装配式混凝土结构。竖向受力钢筋的连接方式主要有钢筋套筒灌浆连接、浆锚搭接连接，现浇混凝土结构中的搭接、焊接、机械连接等钢筋连接技术在施工条件允许的情况下也可以使用。

钢筋套筒灌浆连接由金属套筒插入钢筋，并灌注高强、早强、微膨胀的水泥基灌浆料，通过刚度很大的套筒达到对微膨胀灌浆料的约束作用，在钢筋表面和套筒内侧产生正向作用力，钢筋借助该正向力在其粗糙的、带肋的表面产生摩擦力，从而实现受力钢筋之间应力的传递。套筒可以分为全灌浆套筒和半灌浆套筒两种形式。钢筋套筒灌浆连接技术主要用于柱、剪力墙等竖向构件中。《装配式混凝土结构技术规程》（JGJ 1）、《钢筋连接用套筒灌浆料》（JG/T 408）、《钢筋连接用灌浆套筒》（JG/T 398）、《钢筋套筒灌浆连接应用技术规程》（JGJ 355）等专项标准，都为装配式混凝土结构连接技术的推广应用提供了技术依据。

钢筋浆锚连接是在预制构件中预留孔洞，受力钢筋分别在孔洞内外通过间接搭接实现钢筋间应力的传递。此项技术的关键在于孔洞的成型方式、灌浆的质量以及对搭接钢筋的约束作用等。目前主要包括约束浆锚搭接连接和金属波纹管搭接连接两种方式，用于剪力墙竖向分布钢筋的连接。

除以上连接技术外，国内也在研发相关的干式连接做法，如通过型钢进行构件之间连接的技术，以及适用于低、多层的各类预埋件连接技术等。

四、预制构件吊装施工技术应用现状

装配式混凝土结构与现浇混凝土结构是通过两种截然不同的施工方法进行建造。由于部分构件在工厂预制，并在现场通过后浇段或钢筋连接技术装配成整体，施工现场的模板工程、混凝土工程、钢筋工程大幅度减少，而预制构件的运输、吊运、安装、支撑等成为建造施工中的关键。多年以来，现浇混凝土施工已经成为我国建筑业最为主要的生产方式，劳动工人也多为农民工，技术含量低，并缺乏相应的培训。施工单位的施工组织计划还未能适应生产方式的较大变化，因此，许多装配式混凝土结构的施工现场仍然处于粗放生产的状况，精细程度不足，质量不能得到保障。国家标准《混凝土结构工程施工规范》（GB 50666）及行业标准《装配式混凝土结构技术规程》（JGJ 1）都提及了装配式混凝土结构的施工，北京市地方标准《装配式混凝土结构工程施工与质量验收规程》（DB11/T 1030）等也给出详细的规定。随着装配式混凝土结构施工的进步，还需尽快完善和补充施工工序。国内对这方面的要求还不够严格，一是前期的设计或是深化设计并未能全面考虑施工操作的流程，二是现场工人对以安装到位为原则的施工方法，还缺乏工序控制的思维。

五、预制构件接缝及防水应用现状

预制外墙板的接缝及门窗洞口是易发生渗漏的部位，是防水的关键部位。目前国内外墙板的接缝防水薄弱部位主要采用结构防水、材料防水和构造防水相结合的做法。

（一）预制夹心保温墙板的剪力墙结构

内叶承重墙板之间竖向缝一般利用结构抗震设计要求的边缘构件设置预留钢筋，并后浇混凝土，形成结构防水。同时，外叶墙板及保温层外伸，作为竖向后浇混凝土的外模板，所形成的接缝需再进行保温及防水处理，形成构造防水和材料防水。剪力墙水平缝处的防水概念与垂直缝类同，水平缝处设置后浇带或后浇圈梁，并通过套筒灌浆技术实现上下墙体的连接，形成结构防水，外叶墙板上下均做企口构造，并对接缝进行保温及防水处理；竖缝及水平缝之间，均填塞背衬材料后采用密封胶封堵。在保证施工质量的前提下，目前外墙板的防水效果良好。

（二）高层住宅防水

高层住宅中一般外围护墙体采用预制非承重构件，与现浇的承重部分通过联系钢筋结合为整体，预制外墙板均无保温，窗在工厂预装，较好地解决了渗水问题。外墙板缝采用结构防水、墙板下方有披水构造防水，不再用防水材料处理。

（三）预制框架结构防水

主要采用预制柱、叠合梁、叠合楼板、外挂墙板等构件。因为是预制外挂墙板，因此对防水材料变形能力的要求较高，除了主要对三个部位进行防水外（建筑主体防水、板面涂料防水、缝嵌胶条防水），特别采用了关节式防水和导水排水方式。关节式防水是在预制板周边加设一道韧带加强，有效抵抗变位，通过现场预制构件拼接实现二道防水。

六、装配式内装集成技术的应用现状

推行装配式内装是推动装配式住宅发展的重要方向。住宅采用装配式内装的设计建造方式具有五方面优势：

（1）部品在工厂制作，现场采用干式作业，可以最大限度保证产品质量和性能；

（2）提高劳动生产率，节省大量人工和管理费用，大大缩短建设周期、综合效益明显，从而降低住宅生产成本；

（3）节能环保，减少原材料的浪费，施工现场大部分为干法施工，噪声粉尘和建筑垃圾等污染大为减少；

（4）便于维护，降低了后期的运营维护难度，为部品更新变化创造了可能；

（5）采用集成部品可实现工业化生产，有效解决施工生产的尺寸误差和模数接口问题。

装配式住宅建筑内装设计应考虑内装部品的后期维护、检修更换和物权归属问题，应考虑不同材料、设备、设施具有不同的使用年限，内装部品应符合使用维护和维修改造要求。在现浇混凝土结构中我国一般的做法是将设备管线埋置在楼板或墙板混凝土中，目前在装配式混凝土结构中应用较多。采用叠合板作为楼板时，叠合后浇层本身很薄，而纵横交错的管线埋置对楼盖的受力非常不利，且管线后期的维修、更换会造成对主体结构损坏，对结构安全性有一定影响。装配式装修（内装）是在房间内设置吊顶、装饰墙、架空地板等实现了主体结构与管线、内装的分离，这种做法从根本上解决了管线的埋设问题。

装配式建筑要求技术集成化，对于预制构件来说，其集成的技术越多，后续的施工环节越容易，这也是预制构件发展的一个方向。目前，预制夹心保温剪力墙外墙板应用中可集成承重、保温和外装修三项技术。整体卫浴间一次安装到位，内墙面瓷砖可在工厂预贴，洁具也可在工厂预设，但为了减少运输、施工阶段的扰动造成破损也常在整体卫浴间安装到位之后安装。上下水管均布置在墙外。整体卫浴间一侧设置粗糙面与承重墙体现浇在一起，卫浴间墙体非承重，其自重荷载由本层承受（见图1.12）。

图 1.12　整体卫浴间

第四节　今后的发展方向与对策

装配式建筑是利用标准化设计、工厂化生产、工业化施工和信息化管理等方法来建造、使用和管理建筑，是建筑工业化发展的必然趋势，是加快推进绿色建筑发展、转变城镇化建设模式、全面提升建筑品质的有效途径。发展装配式建筑是建筑产业化的一项重要工作，建筑工业化的最终目标是提高品质，减少消耗；提高效率，减少投入。

我国装配式建筑发展还处于初级阶段，尽管有许多企业进行研究探索并取得初步成效，但还存在诸多问题。如技术标准滞后、建造成本偏高、项目建设管理体制不利于装配式住宅发展等，针对这些问题，应做好如下几方面工作。

（1）加大科研投入，突破关键技术，完善技术标准

建筑体系标准化是实现工业化建造的基础。建筑体系主要是承重结构体系和围护结构体系。在研究、试点的基础上，应逐步由专用体系走向通用体系。如预制部分与现浇部分连接方法、节点等一些涉及主体结构安全的技术问题，要重点关注和加强质量控制。完善构件部品系列化，开发轻质墙板、复合墙板、保温装饰一体化墙体等相匹配的新型围护体系以及整体厨卫、节能门窗；完善电力设备、电梯设备、供水设施设备、照明设备、空调与除湿设备、智能管理设备等。

（2）建立统筹规划、经济支持与政策激励的运行机制，加快装配式建筑发展进程

装配式建筑发展应顶层设计。加强管理，正确引导，统一规划。将致力于工业化建筑研究的企业、科研院校进行资源整合，重点突破、分步实施、有序推进。建立研究开发、建筑设计、技术推广与运营管理一体化的生产模式。

（3）加快项目建设体制改革，创造有利于装配式建筑发展的市场环境

要研究解决适应于工业化建筑研发、生产、推广应用的项目管理体制，鼓励大型企业集团发展生产、设计、安装与管理一体化的社会化大生产模式。

（4）扶持和培育大型企业集团，激发市场主体推进建筑产业化的积极性、主动性和创造性

装配式建筑发展必须实现设计、施工、管理一体化。从项目策划、规划设计、建筑设计、生产加工、运输施工、设备设施安装、装饰装修及运营管理等全过程统筹协调，形成完整的一体化运行模式。

（5）加强组织领导，建立和完善建筑产业化的推进机制

推进以住宅为重点的建筑产业现代化是全面深化建设行业改革的重大课题。发展装配式住宅要根据各地区经济、技术及自然条件，在传统建造方式基础上，不断提高工业化生产水平，由点到面、由局部到整体，因地制宜、稳步发展，逐步探索出适应区域的产业化发展之路。

<<<< **本章思考题** >>>>

1. 什么是装配式建筑？它有何特点？
2. 装配式施工与传统的建造方式有何区别？
3. 我国装配式建筑的发展经历了哪些阶段？
4. 装配式混凝土相关标准有哪些？
5. 现阶段装配式应用主要体现在哪些方面？
6. 装配式建筑发展方向和对策是什么？

第二章

材料及模具

装配式混凝土建筑的基础是预制构件，并通过现场吊装、连接来实现建造。其中预制构件加工制造所用材料主要包括混凝土、钢筋等基本材料，而构件的吊装、连接和必要的局部现浇工艺则通过连接材料（钢筋套筒连接、灌浆料等）、辅助材料（预埋件）、模具材料以及其他材料等来实现。

第一节　基本材料

基本材料主要是用来加工和制造预制钢筋混凝土建筑部件的主要材料，包括混凝土的原材料、钢筋、钢板、预应力钢绞线等。

一、混凝土材料及配合比

（一）水泥

混凝土材料是由水泥、粗细骨料和水组成。通常在混凝土中加入外加剂或矿物掺合料来提高和改善混凝土的各项性能。

水泥品种根据配合比的要求进行选择，水泥生产厂家应提供营业执照、质量保证体系证明文件、生产许可证等文件。

水泥进厂时应提供水泥合格证、水泥检测报告和随货单据等资料文件，并按《水泥取样方法》（GB/T 12573）抽样检测和封样备检。

1. 化学指标

通用硅酸盐水泥化学指标见表 2.1。

表 2.1　通用硅酸盐水泥化学指标（GB 175）

品　　种	代号	不溶物（质量分数）	烧失量（质量分数）	三氧化硫（质量分数）	氧化镁（质量分数）	氯离子（质量分数）
硅酸盐水泥	P·Ⅰ	≤0.75	≤3.0	≤3.5	≤5.0[a]	≤0.06[c]
	P·Ⅱ	≤1.50	≤3.5			

品　　种	代号	不溶物 （质量分数）	烧失量 （质量分数）	三氧化硫 （质量分数）	氧化镁 （质量分数）	氯离子 （质量分数）
普通硅酸盐水泥	P·O	—	≤5.0	≤3.5	≤5.0a	
矿渣硅酸盐水泥	P·S·A	—	—	≤4.0	≤6.0b	≤0.06c
	P·S·B	—	—		—	
火山灰质硅酸盐水泥	P·P	—	—	≤3.5	≤6.0b	
粉煤灰硅酸盐水泥	P·F	—	—			
复合硅酸盐水泥	P·C	—	—			

注：1. 如果水泥压蒸安定性合格，则水泥中氧化镁的含量（质量分数）允许放宽至 6.0%。2. 如果水泥中氧化镁的含量（质量分数）大于 6.0%时，需进行水泥压蒸安定性试验并合格。3. 当有更低要求时，该指标由买卖双方协商确定。

2. 物理指标

（1）凝结时间

硅酸盐水泥初凝不小于 45min，终凝时间不大于 390min；普通硅酸盐水泥、矿渣硅酸盐水泥、火山灰质硅酸盐水泥、粉煤灰硅酸盐水泥和复合硅酸盐水泥初凝不小于 45min，终凝不大于 600min。

（2）安定性

水泥安定性亦称"水泥体积安定性"，它是水泥质量的重要指标之一，反映水泥在凝结硬化过程中体积变化的均匀情况。水泥中如含有过量的游离石灰、氧化镁或三氧化硫，在凝结硬化时会发生不均匀的体积变化，出现龟裂、弯曲、松脆和崩溃等不安定现象。《通用硅酸盐水泥》（GB 175）规定，水泥安定性采用沸煮法检测合格。《水泥标准稠度用水量、凝结时间、安定性检验方法》（GB/T 1346）规定，水泥安定性可采用雷氏法和试饼法测定。前者是通过测定水泥标准稠度净浆在雷氏夹中沸煮后试针的相对移动表征其体积膨胀的程度；后者是通过观测水泥标准稠度净浆试饼沸煮后的外形变化情况表征其体积安定性。

（3）强度

不同品种不同强度等级的硅酸盐水泥，其不同龄期的强度应符合规定。

（4）细度

硅酸盐水泥和普通硅酸盐水泥的细度以比表面积表示，其比表面积 300m²/kg；矿渣硅酸盐水泥、火山灰质硅酸盐水泥、粉煤灰硅酸盐水泥和复合硅酸盐水泥的细度以筛余表示，其 80μm 方孔筛筛余不大于 10%或 45μm 方孔筛筛余不大于 30%。

（5）碱含量（选择性指标）

水泥中碱含量按 $Na_2O+0.658K_2O$ 计算值表示。若使用活性骨料，要求提供低碱水泥时，水泥中的碱含量应不大于 0.60%。

（6）其他

作为混凝土预制构件生产，早期要求强度高，一般应选择硅酸盐水泥或者普通硅酸盐水泥，有条件的企业可以根据生产试验要求定制专门用于构件生产的水泥。

（二）砂、碎石

（1）供货单位应提供砂或碎石的产品合格证或质量检验报告，使用单位应按砂或碎石的同产地同规格分批验收。

（2）每验收批砂石至少应进行颗粒级配、含泥量、泥块含量的检验。

（3）当砂或碎石的质量比较稳定、进料量又较大时，可以按1000t为一验收批。

（4）当使用新产源的砂或碎石时，供货单位应进行全面的检验。

（5）使用单位的质量检验报告内容应包括：委托单位、样品编号、工程名称、样品产地、类别、代表数量、检测依据、检测条件、检测项目、检测结果、结论等。

（6）砂或碎石的数量验收，可按质量计算，也可按体积计算。测定质量，可用汽车地量衡或船舶吃水线为依据；测定体积，可按车皮或船舶的容积为依据。

（7）砂或碎石在运输、装卸和堆放过程中，应防颗粒离析和混入杂质，并应按产地、种类和规格分别堆放。碎石或卵石的堆料高度不宜超过5m，对于单粒级或最大粒径不超过20mm的连续粒级，其堆料高度可增加到10m。

（三）拌合用水

（1）混凝土拌合用水水质应符合要求（表2.2）。

表2.2 混凝土拌合用水水质要求

项　目	预应力混凝土	钢筋混凝土	索混凝土
pH 值	≥5.0	≥4.5	≥4.5
不溶物/(mg/L)	≤2000	≤2000	≤5000
可溶物/(mg/L)	≤2000	≤5000	≤10000
Cl^-/(mg/L)	≤500	≤1000	≤3500
SO_4^{2-}/(mg/L)	≤600	≤2000	≤2700
碱含量/(rag/L)	≤1500	≤1500	≤1500

（2）地表水、地下水、再生水的放射性应符合现行国家标准《生活饮用水卫生标准》（GB 5749）的规定。

（3）被检验水样应与饮用水样进行水泥凝结时间对比试验。对比试验的水泥初凝时间差及终凝时间差均应不大于30min，同时初凝和终凝时间应符合现行国家标准《通用硅酸盐水泥》（GB 175）规定。

（4）被检验水样应与饮用水样进行水泥胶砂强度对比试验，被检验水样配制的水泥胶砂3d和28d强度不应低于饮用水配制的水泥胶砂3d和28d强度的90%。

（5）混凝土拌合用水不应有漂浮明显的油脂和泡沫，不应有明显的颜色和异味。

（6）混凝土企业设备洗刷水不宜用于预应力混凝土、装饰混凝土、加气混凝土和暴露于腐蚀环境的混凝土，不得用于使用碱活性或潜在碱活性骨料的混凝土。

（7）未经处理的海水严禁用于钢筋混凝土和预应力混凝土。

（四）外加剂

混凝土外加剂是指在拌制混凝土过程中掺入的用以改善新拌混凝土和（或）硬化混凝土性能的材料，简称外加剂。

为适应现代化施工工艺的要求，在混凝土中加入适量的外加剂，能提高混凝土质量，改善混凝土性能，减少混凝土用水量，节约水泥，降低成本，加快施工进度，技术经济效益显著。随着技术的进步，外加剂已成为除水泥、粗细骨料、掺合料和水以外的第五种必备材料，掺外加剂也是混凝土配合比优化设计和提高混凝土耐久性的一项重要措施。

1. 外加剂的作用

（1）在不改变各种原材料配比的情况下，添加混凝土高效减水剂，不会改变混凝土强度，同时可以大幅度提高混凝土的流变性及可塑性，使得混凝土可以采用自流、泵送、无需振动等方式进行施工，提高施工速度、降低施工能耗。

（2）在不改变各种原材料配比（除水）及混凝土坍落度的情况下，减少水的用量可以大大提高混凝土的强度，早强和后期强度分别比不加减水剂的混凝土提高 60％及 20％以上，通过减水，可以实现浇筑 C100 的高强混凝土。

（3）在不改变各种原材料配比（除水泥）及混凝土强度的情况下，可以减少水泥的用量，掺加水泥质量 0.2％～0.5％的混凝土减水剂，可以节省水泥用量 15％～30％。

（4）掺加混凝土高效减水剂，可以提高混凝土的寿命 1 倍以上，即使建筑物正常使用寿命延长 1 倍以上。

2. 外加剂的分类

（1）按功能分为四类

① 改善混凝土拌合物流变性能的外加剂，如各种减水剂和泵送剂等；

② 调节混凝土凝结时间和硬化性能的外加剂，如缓凝剂、促凝剂和速凝剂等；

③ 改善混凝土耐久性的外加剂，如引气剂、防水剂、阻锈剂和矿物外加剂等；

④ 改善混凝土其他性能的外加剂，如膨胀剂、防冻剂和着色剂等。

（2）按掺加方式可分为两类

① 内掺外加剂。内掺外加剂是指在混凝土拌和前或拌和过程中掺入用以改善混凝土性能的物质。包括减水剂、引气剂、早强剂、速凝剂、缓凝剂、防水剂、阻锈剂、膨胀剂、防冻剂等。

装配式构件所用的内掺外加剂与现浇混凝土常用外加剂品种基本一样，只是不用泵送剂也不用像商品混凝土那样为远途运输混凝土而添加延缓混凝土凝结时间的外加剂。

装配式构件最常用的外加剂包括减水剂、引气剂、早强剂、防水剂等。

外加剂应符合现行国家标准《混凝土外加剂应用技术规范》（GB 50119）的规定。同厂家、同品种的外加剂不超过 50t 为一检验批。当同厂家、同品种的外加剂连续进场且质量稳定时，可按不超过 100t 为一检验批，且每月检验不得少于一次。

② 外涂外加剂。外涂外加剂是装配式构件为形成与后浇混凝土接触界面的粗糙面而使用的缓凝剂，涂刷或喷涂在要形成粗糙面的模具表面，延缓该处混凝土凝结。构件脱模后，用压力水枪将未凝结的水泥浆料冲去，形成粗糙面。为保证粗糙面形成的均匀性，宜选用外涂外加剂专业厂家的产品。

3. 外加剂施工要求

对于预制构件的生产，一般应选用高减水的早强型外加剂，同时应该达到：

（1）凝结时间要短，利于构件早期强度的发挥；

（2）必须给构件留出一定的操作加工时间，以便于构件生产成型，外加剂应进行特殊定制以满足生产要求。

4. 匀质性指标

外加剂的匀质性是表示外加剂自身质量稳定均匀的性能，用来控制产品生产质量的稳定、统一、均匀，用来检验产品质量和进行质量仲裁。

5. 掺外加剂混凝土的性能指标

掺外加剂混凝土的性能指标应符合现行国家标准《混凝土外加剂》（GB 8076）的要求。

6. 外加剂取样及批号

取样主要包括点样和混合样两种，点样是在一次生产产品时所取得的一个试样；混合样是三个或更多的点样等量均匀混合而取得的试样。对于批号，生产厂应根据产量和生产设备条件将产品分批编号：同品种掺量大于1%的外加剂每一批号为100t，掺量小于1%的外加剂每一批号为50t，同一批号的产品必须混合均匀。

7. 外加剂的判定

（1）出厂检验判定。型式检验报告在有效期内，且出厂检验结构符合要求，可判定为该批产品检验合格。

（2）型式检验判定。产品经检验，匀质性检验结果符合要求；各种类型外加剂受检混凝土性能指中、高性能减水剂及泵送剂的减水率和坍落度的经时变化量，其他减水剂的减水率、缓凝型外加剂的凝结时间差、引气型外加剂的含气量及其经时变化量、硬化混凝土的各项性能符合标准。

（五）普通混凝土配合比设计

1. 准备工作

为保证混凝土配合比合理、适用，在混凝土配合比确定前应做好如下准备工作。

（1）明确混凝土强度等级及耐久性设计等级。

（2）掌握工程概况、特点及技术要求（如：环境条件、结构尺寸、钢筋间距、施工特殊要求等）。

（3）根据混凝土的技术要求和当地的实际情况选择各种原材料，并掌握各种原材料必要的技术性能指标及质量、价格的可能波动情况。

（4）掌握施工工艺并明确施工现场混凝土的和易性指标、运输距离或运输时间。

（5）掌握季节、天气和使用的环境条件：如春、夏、秋、冬及风、雨、霜、雪、温湿度和使用环境是否有侵蚀介质等。

（6）了解施工队伍的技术、管理和操作水平等情况；必要时了解施工单位混凝土的养护方法：如自然养护、蒸汽养护等。

2. 主要参数

混凝土的配合比设计，实际上就是确定单位体积混凝土拌合物中水泥、矿物掺合料、粗骨料、细骨料、外加剂和水等主要材料用量，反映各材料用量间关系的主要技术参数，包括水灰比（W/C）、砂率和单位用水量。

（1）水灰比（W/C）

水泥是混凝土中的活性组分，其强度的大小直接影响着混凝土强度的高低。在配合比相同的条件下，所用的水泥强度等级越高，制成的混凝土强度也越高。水灰比是指单位体积的混凝土拌合物中，水与胶凝材料用量的重量之比。通常认为，在水泥强度等级相同的情况下，水灰比愈小，水泥石的强度愈高，与骨料黏结力也愈大，混凝土的强度就愈高。如果水灰比太小，拌合物过于干硬，在一定的捣实成型条件下，无法保证浇灌质量，混凝土中将出现较多的蜂窝、孔洞，强度也将下降。试验表明，混凝土强度随水灰比的增大而降低，呈曲线关系，而混凝土强度和灰水比的关系，则呈直线关系。

（2）砂率

砂率是指混凝土中砂的质量占砂、石总质量的百分比。合理确定砂率，其目的是能够使砂、石、水泥浆互相填充，保证混凝土的流动性、黏聚性、保水性等，使混凝土达到最大密实度，又能使水泥用量降为最少用量。影响砂率的因素很多，如石子的形状、粒径大小、空隙率、水灰比等。当骨料总量一定时，砂率过小，则用砂量不足，混凝土拌合物的流动性就差，易离析、泌水。在水泥浆量一定的条件下，砂率过大，则砂的总表面积增大，包裹砂子的水泥浆层太薄，砂粒间的摩擦阻力加大，混凝土拌合物的流动性变差。因此，砂率的确定，除进行计算外，还需进行必要的试验调整，从而确定最佳砂率，即单位用水量和水泥用量减到最少而混凝土拌合物具有最大的流动性，且能保持良好的黏聚性和保水性，这时的砂率称为最佳砂率。

（3）单位用水量

单位用水量是指每立方米混凝土中用水量的多少，是直接影响混凝土拌合物流动性大小的重要因素。单位用水量在水胶比和水泥用量不变的情况下，实际反映的是水泥浆的数量和骨料用量的比例关系，即浆骨比。水泥浆量要满足包裹粗、细骨料表面并保持一定的厚度，以满足流动性的要求，但用水量过大不但会降低混凝土的耐久性，也会影响混凝土拌合物的和易性。

（4）配合比设计基本步骤

混凝土配合比设计主要有三个步骤。

① 根据所选用原材料的性能指标及混凝土设计、施工技术性能指标的要求，通过理论计算或经验得出一个计算配合比。

② 将计算配合比经试配与调整，确定出满足和易性要求的试拌配合比。

③ 根据试拌配合比确定供强度检验用配合比，并根据试配强度和湿表观密度调整得出满足设计、施工要求的实验室配合比。根据施工现场砂、石的含水率，液体外加剂的含量及实验室配合比可确定试拌混凝土的"生产配合比"。

（5）基本规定

① 混凝土配合比设计应满足混凝土强度及其他力学性能、拌合物性能、长期性能和耐久性能的设计要求。混凝土拌合物性能、力学性能和耐久性能的试验方法应分别符合现行国家标准《普通混凝土拌合物性能试验方法标准》（GB/T 50080）、《混凝土物理力学性能试验方法标准》（GB/T 50081）和《普通混凝土长期性能和耐久性能试验方法标准》（GB/T 50082）的规定。混凝土试配应采用强制式搅拌机进行搅拌，并应符合现行行业标准《混凝土试验用搅拌机》（JG 244）的规定，搅拌方法宜与施工采用的方法相同。

② 配合比设计所采用的细骨料含水率应小于 0.5%，粗骨料含水率应小于 0.2%，每盘混凝土试配的最小搅拌量应根据粗骨料最大粒径选定，粗骨料最大粒径不大于 31.5mm 时，拌合物数量不少于 20L；粗骨料最大粒径大于等于 40mm 时，拌合物数量不少于 25L。采用机械搅拌时，其搅拌量不应小于搅拌机额定搅拌量的 1/4 且不大于搅拌机公称容量。

③ 混凝土的最大水灰比应符合《混凝土结构设计规范》（GB 50010）的规定（当掺加外加剂且外加剂为液体时，此时的水灰比为混凝土外加拌合水量和液体外加剂中所含水量之总用水量与胶凝材料用量的比值）。

④ 矿物掺合料在混凝土中的掺量应通过试验确定。采用硅酸盐水泥或普通硅酸盐水泥时，钢筋混凝土中矿物掺合料最大掺量宜符合相关规定；预应力混凝土中矿物掺合料最大掺量宜符合相关规定。对大体积混凝土，粉煤灰、粒化高炉矿渣粉和复合掺合料的最大掺量可增加 5%。

⑤ 混凝土拌合物中水溶性氯离子最大含量应符合相关规定。其测试方法应符合现行行业标准《水运工程混凝土试验测试技术规范》（JTS/T 236）中关于混凝土拌合物中氯离子含量的快速测定方法的规定。

（6）确定计算配合比

先根据试配强度进行水灰比的确定，然后确定用水量、胶凝材料用量、外加剂用量、掺合料用量及水泥用量，再用质量法或体积法确定砂率和粗、细骨料用量，最终确定计算配合比。

（7）确定试拌配合比

按计算配合比计算出各试配材料的用量进行试拌，并进行混凝土拌合物相应各项技术性能的检测，如果混凝土拌合物的各项技术性能全都满足设计、施工的要求，则不需要调整，即可将计算配合比作为试拌配合比；如果混凝土拌合物的技术性能不能满足设计、施工的要求时，应根据具体的情况进行分析，调整相应的技术参数，直至混凝土拌合物的各项技术性能全部满足设计、施工的要求为止。

(8) 确定设计配合比

配合比调整后应测定混凝土拌合物水溶性氯离子含量，对耐久性有设计要求的混凝土应进行相关耐久性试验验证。如果混凝土拌合物水溶性氯离子含量试验结果符合规定，且耐久性符合相关设计要求，则调整后的配合比即为设计配合比（实验室配合比）。

(9) 配合比的调整

① 根据实验室试配时使用的相近的原材料，测出砂、石的含水量，在原配合比的基础上扣减用水量，制订出施工用配合比。

② 根据施工配合比进行生产，生产的混凝土应作开盘鉴定，并做好记录。

二、钢材、钢筋、螺旋肋钢丝和钢绞线

(一) 钢材

(1) 钢材一般采用普通碳素钢。其中最常用的 Q235 低碳钢，其屈服点为 235MPa，抗拉强度为 375~500MPa。低合金钢中 Q355，其塑性、焊接性良好。

(2) 预制构件吊装用内埋式螺母或吊杆及配套的吊具，应符合国家现行标准的规定。

(3) 预埋件锚板用钢材应采用 Q235、Q355 级钢，钢材等级不应低于 Q235B；钢材应符合《碳素结构钢》（GB/T 700）的规定。预埋件的锚筋应采用未经冷加工的热轧钢筋制作。

(4) 在装配整体式混凝土结构设计与施工中，应积极使用高强度钢筋，预制构件纵向钢筋宜使用高强度钢筋。

(5) 碳素结构钢取样。碳素结构钢应按批进行检查和验收。每批由同一牌号、同一炉号、同一尺寸、同一交货状态、同一进场时间的钢材组成。每批数量不得大于 60t，每批取试件一组，其中一个拉伸试件、一个冷弯试件，应在外观及尺寸合格的钢材上切取，切取时应防止因受热、加工硬化及变形而影响。

(6) 钢材检测的项目有拉伸试验（屈服强度、抗拉强度、伸长率）、冷弯试验。

(二) 钢筋

1. 钢筋品种

(1) 钢筋按生产工艺分为：热轧钢筋、热处理钢筋、碳素钢丝、刻痕钢丝、钢绞线和冷轧钢筋。

(2) 钢筋按轧制外形分为：HPB235 级（即屈服点为 235N/mm² 级）、HRB400、RRB400 级（即屈服点为 400N/mm² 级）等。

(3) 钢筋按轧制外形分为：盘圆钢筋（直径不大于 10mm，图 2.1）和直条钢筋（长度 6~12m）。

(4) 钢筋按化学成分分为：碳素钢钢筋和普通低合金钢钢筋。碳素钢钢筋按含碳量多少，又可分为低碳钢钢筋（含碳量低于 0.25%）、中碳钢钢筋（含碳量 0.25%~0.7%）和高碳钢钢筋（含碳量大于 0.7%）。普通低合金钢钢筋是在低碳钢中碳钢的成分中加入少量

图 2.1 HRB400 螺纹盘圆钢筋

合金元素，获得较高的强度和较好的综合性能。

2. 钢筋的选用

（1）普通钢筋宜采用 HRB400 级钢筋，也可采用 RRB400 级钢筋；

（2）预应力钢筋宜采用预应力钢绞线、钢丝。

3. 钢筋检验要求

（1）外观检查

钢筋进场时及使用前均应对外观质量进行检查。检查的内容主要包括：直径、标牌、外形、长度、劈裂、锈蚀等项目。如发现有异常现象时（包括在加工过程中有脆断、焊接性能显著不正常等），应不采用。

（2）力学性能试验

对有抗震设防要求的框架结构，其纵向受力钢筋的强度应满足设计要求屈服点（强度）、抗拉强度、伸长率、冷弯指标，均应符合现行国家标准的规定。当设计无具体要求时，对一、二级抗震等级，检验所得的强度实测值应符合下列规定：钢筋的抗拉强度实测值与屈服强度实测值的比值不应小于 1.25，钢筋的屈服强度实测值与屈服强度特征值的比值不应大于 1.3。

（3）化学成分和其他专项检验

进场的钢筋有下列情况之一者，必须按现行国家标准的规定对该批钢筋进行化学成分检验和其他专项检验：在加工过程中，发现机械性能有明显异常现象；虽有出厂力学性能指标，但外观质量缺陷严重。进口钢筋须经力学性能、化学分析和焊接试验检验。

4. 钢筋试验

按规定，凡取两个试件的（低碳热轧圆盘条冷弯试件除外）均应从任意两根（或两盘）中分别切取，即在每根上切取一个拉伸试件、一个弯曲试件。碳钢热轧圆盘条冷弯试件应取自不同盘；盘条试件在切取时，应在盘条的任意一端截去 500mm 后切取。试件长度：拉伸试件≥标称标距＋200mm；弯曲试件≥标称标距＋150mm；同时还应考虑材料试验机的有关参数确定其长度。试件的形状，具有恒定横截面的产品（型材、棒材、线材等）可以不经机加工而进行试验。

（三）螺旋肋钢丝

预应力混凝土用螺旋肋钢丝（公称直径为 4mm、4.8mm、5mm、6mm、6.25mm、7mm、8mm、9mm、10mm）的规格及力学性能，应符合现行国家标准《预应力混凝土用钢丝》（GB/T 5223）的规定。见图 2.2。

（四）钢绞线

（1）取样数量及检验组批

钢绞线应成批验收，每批钢绞线由同一牌号、同一规格、同一生产工艺捻制的钢绞线组成，每批质量不大于 60t。钢绞线的检验项目及取样数量应符合规定。预应力钢绞线如图2.3 所示。

图 2.2　螺旋肋钢丝

图 2.3　预应力钢绞线

（2）表面质量

① 钢绞线表面不得有油、润滑脂等物质。钢绞线允许有轻微的浮锈，但不得有目视可见的锈蚀麻坑。

② 目测检查钢绞线表面质量允许存在回火颜色。

第二节　模板与模具材料

装配式建筑施工中需要使用模板和模具材料。由于目前装配式建筑中还包括部分现浇混凝土的工作内容，所以施工中必要的模板是不可缺少的。而模具材料主要在加工和制造各类预制构件的过程中使用。

一、模板材料

（一）木模板、木方

1. 模板

所用模板为 12mm 或 15mm 厚竹，木霉变、虫蛀、腐朽、劈裂等不符合一等材质胶板，材料各项性能指标必须符合要求，见图 2.4。

2. 木方

木方的含水率不大于 20%，见图 2.5。

图2.4 木模板

图2.5 木方

3. 木脚手板

选用50mm厚的松木质板，其材质应符合国家现行标准《木结构设计规范》（GB 5005—2017）中对Ⅱ级木材的规定。木脚手板宽度不得小于200mm；两头须用8号铅丝打箍；腐朽、劈裂等不符合一等材质的脚手板，禁止使用。

4. 垫板

垫板采用松木制成的木脚手板，厚度50mm，宽度200mm，板面挠曲≤12mm，板面扭曲≤5mm，不得有裂纹。

（二）钢模板

1. 选用钢模板钢材时，采用现行国家标准《碳素结构钢》（GB/T 700）中的相关标准，一般采用Q235钢材。

2. 模板必须具备足够的强度、刚度和稳定性，能可靠地承受施工过程中的各种荷载，保证结构物的形状尺寸准确，模板设计中考虑的荷载如下。

（1）计算强度时考虑：浇筑混凝土对模板的侧压力＋倾倒混凝土时产生的水平荷载＋振捣混凝土时产生的荷载。

（2）验算刚度时考虑：浇筑混凝土对模板的侧压力＋振捣混凝土时产生的荷载。

（3）钢模板加工制作允许偏差。

模板加工宜采用数控切割，焊接宜采用二氧化碳气体保护焊。模板接触面平整度、板面弯曲、拼装缝隙、几何尺寸等应满足相关设计要求，允许偏差及检验方法应符合相关标准规定。

（三）铝模板

铝模板是由铝材加工制造而成（图2.6、图2.7），按照标准挤压型材形成的铝合金模板构件有较高的强度、刚度和稳定性，主要有以下特点：

（1）拼缝少，精度高。建筑铝合金模板拆模后，可达到饰面及清水混凝土的标准，无需再进行其他工序。

（2）周期短、效率高，可多次循环利用。由于铝合金模板组装方便，摆脱了机械限制，人工拼装效率显著提升，正常标准层拼装情况下5～6天可周转一层，周转速度快，加快施工进度，节约管理成本。由于铝合金模板构件采用整体挤压形成的铝合金型材作原材，规范化使用情况下模板可翻转达到300余次。

（3）施工现场环保，回收利用率高。铝合金模板施工拆模后，现场环境安全、干净、整

图2.6 铝模板

图2.7 铝模板体系

洁。模板构配件均可重复使用，铝模板报废后，均为可再生材料，均摊成本优势明显，属于绿色建筑材料。

铝模板由于适用性强，其工程的现浇和预制阶段的应用越来越广。

二、模具材料

模具对装配式混凝土结构构件质量、生产周期和成本影响很大，是预制构件生产中非常重要的环节。

模具通常选用国家标准型材焊接，面板要选用标准钢板制作，钢板表面质量好、尺寸精度高、耐磨损、机械性能和工艺性能优良；成型后构件表面光洁度高、外表美观。

板料件一般使用高精密激光切割机加工，外形尺寸、孔位准确，板料切口自然平整，直线度高，热变形小。折弯板使用大型数控折弯机一次成型。承插口密封条槽口、各处定位机构、侧模滑动轮等机加工零部件，一般使用数控车、铣，龙门刨床、数显镗床及数控加工机床等实现。型材应经过喷砂除锈处理，组装前去除锈迹、油污，做好焊接及喷漆工作。

模具按构件分类有：柱、梁、柱梁组合、柱板组合、梁板组合、楼板、剪力墙外墙板、剪力墙内墙板、内隔墙板、外墙挂板、转角墙板、楼梯、阳台、飘窗、空调台、挑檐板等。

（一）墙板模具

实心墙板可用两类模具生产，即平模和立模。

三明治夹心墙板（外侧为混凝土保护层、中间为保温层、内侧为混凝土持力层的外墙或内墙板）采用平模模具生产。

1. 平模生产

平模生产也称为卧式生产（如图2.8所示），由四部分组成：侧模、端模、内模、工装与加固系统。

侧模与端模是墙的边框模板。在自动化流水线中，一般使用模台作底模，在固定模位中，底模可采用钢模台。有窗户时，模具内要安装窗框内模。带拐角的墙板模具，要在端模的内侧设置内模板。大量的预留预埋（如墙板后浇带预留孔等）则通过悬挂工装来实现。

2. 立模生产

立模生产是指生产过程中构件的一个侧面垂直于地面（图2.9）。墙板的另外两个侧面和两个板面与模板接触，最后一个墙板侧面外露。立模生产可以大大减少抹面的工作量，提高生产效率。大量的 GRC 复合墙板采用立模生产，并且一般成组进行。

 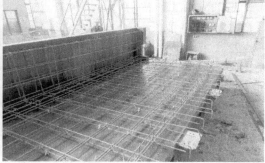

图 2.8　平模生产　　　　　　　　　　　图 2.9　立模生产

（二）楼梯模具

楼梯生产有卧式、立式两种生产模式，故模具也有立式模具（见图 2.10）、卧式模具（见图 2.11）两种。为增加楼梯模具的通用性，降低模具成本，还有一种可调式楼梯模具。可调式楼梯模具的踏步宽度固定，楼梯的踢面高度可调，楼梯的步数同样可做相应的调整。目前，楼梯多数采用立模法生产。

图 2.10　立式楼梯模

图 2.11　卧式楼梯模具

1. 立模楼梯模具

立模楼梯模具由三部分构成：底座、正面锯齿形模板、背面平模板。

正面锯齿形模板与底座固定，背面模板可在底座上滑移以实现与锯齿形模板的开合。背面模板滑向正面锯齿形模板，并待两者靠紧后，将上部、左右两侧的丝杆卡入锯齿形模板上钢架连接点的凹槽内，拧紧螺母，固定牢靠。

2. 平模楼梯模具

平模楼梯模具是指以锯齿形的正面模板为底模，两个侧模板和两个端模板为边模。

模具组装时先把底模放平，把侧面和端部安放在底模上。用螺栓拧紧固定边模与底模，形成一个牢固的卧式楼梯模具。底模内焊接凹凸定位钢柱或矩形块，在浇筑混凝土时以形成定位孔洞。

（三）叠合板模具

叠合板分为单向板和双向板，单向板两侧边出筋，双向板两个端模和两个侧模都出筋。叠合板生产以模台为底模，钢筋网片通过侧模或端模的孔位出筋。钢制边模用专用的磁盒直接与底模吸附固定或通过工装固定，这种边模为普通边模。叠合板碳素钢模具如图2.12所示。

图2.12　叠合板碳素钢模具

（四）预制柱模具

预制柱多用平模生产，底模采用钢制模台或混凝土底座，两边侧模和两头端模通过螺栓与底模相互固定，见图2.13。钢筋通过端部模板的预留孔出筋。如果预制柱不是太高，可采用立模生产。与梁连接的钢筋，通过侧模的预留孔出筋。

（五）预制梁模具

预制梁分为叠合梁和整体预制梁。预制梁多用平模生产，见图2.14。采用钢制模台或

图2.13　预制柱模具

图2.14　预制梁模具

混凝土底座做底模，两片侧模和两片端模拴接，上部采用角钢连接加固，防止浇筑混凝土时侧面模板变形。上部叠合层钢筋外露，两端的连接筋通过端模的预留孔伸出。

（六）外挂墙板模具

外挂墙板无论是实心板还是三明治夹芯板，其模具均由两片侧模和两片端模通过螺栓连接固定组成，且不用出筋。由于外挂墙板较薄，在钢制模台之上，模具四周采用磁盒吸附固定即可。外挂墙板模具如图 2.15 所示。

图 2.15　外挂墙板模具

（七）阳台模具

预制阳台分为叠合阳台和整体阳台，即半预制式和全预制式阳台。半预制阳台、全预制阳台均采用类似于飘窗模具的组合模具生产。在固定模台上，先摆放侧模，然后摆放连接两端的端模，再安装阳台两侧侧板的内侧模和外栏板的内端模，最后连接加固，形成一个阳台的整体模具。在内侧端模上部开孔，预留连接钢筋的出筋孔洞。在浇筑构件混凝土时，叠合式阳台的桁架筋要高出预制板面。阳台模具如图 2.16 所示。

（八）双 T 板模具

双 T 板既可以单片预制，也可以成槽连片生产。双 T 板模具（见图 2.17）一般由五大部分组成：底座支架、一片门形内模、两片 T 形侧模、两片端模、连接加固系统。模具安装时，先在底座上安装∩形内模，再对称安装两边侧模。侧模与内模合模前，安装钢筋网和预应力管道。最后安装双 T 板的端模，使预应力筋穿过端模的预留孔道。经测量、调整，加固整个模具。双 T 板模具的端模部位、受力的传力柱桁架，必须要进行受力验算，以满足预应力筋张拉时的拉力。

图 2.16　阳台模具　　　　　　　　图 2.17　双 T 板模具

（九）预制飘窗模具（图 2.18、图 2.19）

图 2.18　飘窗模具（一）

图 2.19　飘窗模具（二）

（十）预制管廊（图 2.20、图 2.21）

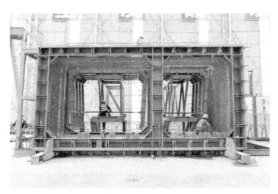

图 2.20　预制管廊模具

图 2.21　预制管廊构件

第三节　连接材料

装配式结构连接材料主要包括钢筋连接用灌浆套筒和各类灌浆料。

钢筋连接用灌浆套筒是金属套，通常采用铸造工艺或者机械加工工艺制造，包括全灌浆套筒和半灌浆套筒两种形式，全灌浆套筒两端均采用灌浆方式与钢筋连接；半灌浆套筒一端采用灌浆方式与钢筋连接。

（一）灌浆连接套筒

灌浆连接套筒应符合下列规定。

（1）铸造灌浆套筒（见图 2.22）内外表面不应有影响使用性能的夹渣、冷隔、砂眼、缩孔、裂纹等质量缺陷。

图 2.22 灌浆套筒

（2）机械加工灌浆套筒表面不应有裂纹或影响接头性能的其他缺陷，端部和外表面的边棱处应无尖棱、毛刺。

（3）机械加工灌浆套筒的壁厚不应小于 3mm，铸造灌浆套筒的壁厚不应小于 4mm。

（4）灌浆套筒外表面标识应清晰，灌浆套筒表面不应有锈皮。

（5）灌浆套筒长度应根据试验确定，且灌浆连接端长度不宜小于 8 倍钢筋直径，灌浆套筒中间轴向定位点两侧应预留钢筋安装调整长度，预制端不应小于 10mm，现场装配端不应小于 20mm。

（6）剪力槽两侧凸台轴向厚度不应小于 2mm，剪力槽的数量应符合规定。

（7）选用灌浆连接套筒时，应尽量选用同一生产厂家的套丝机及其他相配套产品。

（二）灌浆料

1. 一般规定

试件成型时，水泥基灌浆材料和拌合水的温度应与实验室的环境温度一致。

2. 流动度试验

流动度试验应符合下列规定：应采用符合《行星式水泥胶砂搅拌机》（JC/T 681）的规定。

截锥圆模应符合《水泥胶砂流动度测定方法》（GB/T 2419）内径 100mm±0.5mm，上口内径 70mm±0.5mm，高 60mm±0.5mm。玻璃板尺寸 500mm×500mm，并应水平放置。

3. 抗压强度试验

抗压强度试验应符合下列规定：抗压强度试验试件应采用尺寸为 40mm×40mm×160mm 的棱柱体。抗压强度的试验应执行《水泥胶砂强度检验方法（ISO 法）》（GB/T 17671）中的有关规定。

4. 竖向膨胀率试验

竖向膨胀率试验结果取一组三个试件的算术平均值。

第四节　辅助工具及预埋件

预制装配式构件属于大型构件，在构件起重、安装和运输中应当借助必要的辅助工具，主要包括钢丝绳、吊索链、吊装带、吊钩、卡具、吊装架等。通常吊索与构件的水平夹角不宜小于 60°，且不应小于 45°。对于单边长度大于 4m 的构件应当设计专用的吊装平面框架或横担。

预制构件起吊过程中需要的辅助工具主要包括起吊锚固件和平衡梁等。为保证吊装完成后，后续的机电管、线安装的顺利进行，需要考虑必要的预埋件材料。

一、起吊锚固件

预制构件起吊锚固系统见图 2.23，常用吊环形式见图 2.24。

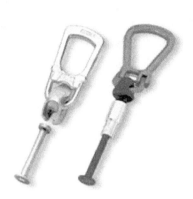

图 2.23 起吊锚固系统

图 2.24 螺纹绳套吊环

二、平衡起重梁

由于预制构件重量均比较大，当吊点多于两个时，为防止起吊时旋转，一般借助平衡起重梁这类构件，见图 2.25。

图 2.25 平衡起重梁

三、支撑系统

装配式工程施工中，支撑系统主要用于剪力墙、柱、梁、叠合板等预制构件的临时固定和校正，保证构件安装的稳定性，便于后续施工环节的顺利进行。支撑系统可分为斜撑和垂直支撑。

（一）斜撑的组成

斜撑（图 2.26）主要包括丝杆、螺套、支撑杆、手把和支座等部件。支撑杆两端焊有包含内螺纹的螺套，中间焊手把；螺套可以旋合，丝杆端部设有防脱挡板；丝杆与支座耳板用高强螺栓连接；支座底部开有螺栓孔，在预制构件安装时用螺栓将其固定在预制构件的预埋螺母上。通过旋转把手带动支撑杆转动，上丝杆与下丝杆随着支撑杆的转动可以拉近或伸长，以达到调节支撑长度的目的，进而调整预制构件的垂直度和位移，满足预制构件安装施工的需要。此类支撑多用于墙体（图 2.27）、柱（图 2.28）的安装。

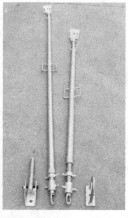

图 2.26　斜撑配件组成

图 2.27　预制剪力墙板的临时支撑

图 2.28　预制柱的临时支撑

(二) 垂直支撑的组成

垂直支撑系统主要包括柱头、插管、套管、插销、调节螺母及摇杆等部件。套管底部焊接底板，底板上留有定位螺丝孔，套管上部焊接外螺纹，在外螺纹表面套上带有内螺纹的调节螺母，插管上套插销后插入套管内，插管上配有插销孔，插管上部焊有中心开孔的顶板，柱头由上部焊有 U 形板的丝杆、托座、螺母等部件组成；柱头的丝杆坐于插管顶板中心孔中，通过选择合适的销孔插入插销，再用调节螺母来微调高度便可达到所需求的支撑高度。此类支撑多用于梁（图 2.29）、叠合板（图 2.30）等构件的安装。

图 2.29　预制梁的临时支撑

图 2.30　叠合板的临时支撑

四、预埋预留件及辅材

1. 安装施工辅助件

预制构件的吊环应采用 Ⅰ 级，严禁使用冷加工钢筋。吊环埋入深度不应小于 $30d$，并应焊接和绑扎在钢筋骨架上。每个吊环可按两个截面计算，在构件的自重标准值作用下，吊环拉应力不应大于 $50\mathrm{N/mm^2}$（构件自重的动力系数已考虑在内）。当在一个构件上设有四个吊环时，设计时仅考虑三个吊环同时发挥作用。安装施工辅助件包括各种吊件（吊钉、螺栓等）及固定成型工装、后浇带模板固定螺栓、斜支撑固定螺栓等，平板锚栓、螺纹锚栓分别如图 2.31、图 2.32 所示。

图 2.31　平板锚栓

图 2.32　螺纹锚栓

2. 电气类辅助件

电气类辅助件主要包括开关盒、插座盒、弱电系统接线盒（消防显示器、控制器、按钮、电话、电视、对讲等）预埋及预留孔洞，电视线穿墙预埋管、灯具等。电盒预埋及固定工装如图 2.33 所示，钢筋保护层塑料支架如图 2.34 所示。

图 2.33　电盒预埋及固定工装

图 2.34　钢筋保护层塑料支架

3. 水暖类辅助件

主要包括给水管道的预留洞和预埋套管，地漏、排水栓、雨水斗的预埋等。套管预埋件如图 2.35 所示，门窗预埋件如图 2.36 所示。

图 2.35　套管预埋件

图 2.36　门窗预埋件

4.门窗类辅助件

主要包括预埋门窗木砖、门窗焊接件等。

5.墙体拉结件

墙体拉结件由 FRP 拉结板（杆）和定位套环组成。其中，FRP 拉结板（杆）为拉结件的主要受力部分，采用高性能玻璃纤维（GFRP）纱和特种树脂经拉挤工艺成型，并经后期切割形成设计所需的形状；定位套环主拉结件施工定位，其长度一般与保温层厚度相同，采用热塑工艺成型。

第五节 其他材料

1. 钢筋间隔件

钢筋间隔件即保护层垫块，是用于控制钢筋保护层厚度或钢筋间距的物件。按材料不同分为水泥基类、塑料类和金属类。

装配式建筑无论预制构件还是现浇部分，应使用符合现行行业标准《混凝土结构用钢筋间隔件应用技术规程》（JGJ/T 219）规定的钢筋间隔件，其选用原则如下：

（1）水泥砂浆间隔件强度较低，不宜选用。

（2）混凝土间隔件强度应比构件混凝土强度等级提高一级，且不应低于 C30。

（3）不得使用断裂、破碎的混凝土间隔件。

（4）塑料间隔件不得采用聚氯乙烯类塑料或二级以下再生塑料制作。

（5）塑料间隔件可作为表层间隔件，但环形塑料间隔件不宜用于梁、板底部。

（6）不得使用老化断裂或缺损的塑料间隔件。

（7）金属间隔件可作为内部间隔件，不应用作表层间隔件。

2. 脱模剂

在混凝土模板内表面上涂刷脱模剂的目的在于减少混凝土与模板的黏结力而易于脱离，不至于因混凝土初期强度过低而在脱模时受到损坏，保持混凝土表面光洁，同时可保护模板防止其变形或锈蚀，便于清理和减少修理费用，为此，脱模剂须满足下列要求：

（1）良好的脱模性能。

（2）涂敷方便、成模快、拆模后易清洗。

（3）不影响混凝土表面装饰效果，混凝土表面不留浸渍印痕、泛黄变色。

（4）不污染钢筋、对混凝土无害。

（5）保护模板、延长模板使用寿命。

（6）具有较好的稳定性。

（7）较好的耐候性。

脱模剂的种类通常有水性脱模剂和油性脱模剂两种。水性脱模剂操作安全，无油雾，对环境污染小，对人体健康损害小，且使用方便，使用后不影响产品的二次加工，如黏结、彩涂等加工工序。油性脱模剂成本高，易产生油雾，加工现场空气污浊程度高，容易对操作工人的健康产生危害，使用后影响构件的二次加工。

根据脱模剂的特点和实际要求，预制混凝土构件工厂宜采用水性脱模剂，降低材料成本，提高构件质量，便于施工。

所选用的脱模剂应符合现行行业标准《混凝土制品用脱模剂》（JC/T 949）的要求。

3. 构件修补料

装配式构件生产、运输和安装过程中难免会出现磕碰、掉角、裂缝等，通常需要用修补料来进行修补。常用的修补料有普通水泥砂浆、环氧砂浆和丙乳砂浆等。

（1）普通水泥砂浆

它的材料的力学性能与基底混凝土一致，对施工环境要求不高，成本低，但也存在普通水泥砂浆与基层混凝土表面黏结、本身抗裂和密封等性能不足的缺点。

（2）环氧砂浆

它是以环氧树脂为主剂，配以促进剂等一系列助剂，经混合固化后形成一种高强度、高黏结力的固结体，具有优异的抗渗、抗冻、耐盐、耐碱、耐弱酸防腐蚀性能及修补加固性能。

（3）丙乳砂浆

它是丙烯酸酯共聚乳液水泥砂浆的简称，属于高分子聚合物乳液改性水泥砂浆。丙乳砂浆是一种新型混凝土建筑物的修补材料，具有优异的黏结、抗裂、防水、防氯离子渗透、耐磨、耐老化等性能，和树脂基修补材料相比具有成本低、耐老化、易操作、施工工艺简单及质量容易保证等优点，是修补材料中的上佳之选。

4. 焊接材料

预制构件加工过程中的钢筋网通常要通过焊接实现（见图2.37、图2.38），焊接施工应注意以下几点。

图 2.37　钢筋的拉直

图 2.38　钢筋网的加工

（1）手工焊焊条质量，应符合《非合金钢及细晶粒钢焊条》（GB/T 5117—2012）、《热强钢焊条》（GB/T 5118—2012）的规定。选用的焊条型号应与主体金属相匹配。

（2）自动焊接或半自动焊接采用的焊丝和焊剂，应与主体金属强度相适应，焊丝应符合《熔化焊用钢丝》（GB/T 14957—1994）等规范标准的要求。

（3）锚筋（HRB400级钢筋）与锚板（Q235B级钢）之间的焊接，可采用T50X型。不符合Q235B级钢之间的焊接可采用T42型。

<<<< **本章思考题** >>>>

1. 请解释以下名词的概念。

（1）混凝土配合比

（2）外加剂

（3）HRB400钢筋

（4）预埋件

（5）脱模剂

（6）焊接材料

2. 模板材料分为哪几种？

3. 装配式构件吊装所用的辅助材料有哪些？

4. 墙板模具有哪些特点？

5. 楼梯模具有哪些特点？

6. 装配式工程中连接材料有哪些？

第三章

预制构件生产

第一节　构件生产工艺概述

一、工厂化与现场预制

　　预制混凝土构件的生产分为现场预制（图 3.1）和工厂预制（图 3.2）两种形式。其中现场预制分为露天预制、简易棚架预制，工厂预制也有露天预制与室内预制之分。近年来，随着预制构件生产机械化程度的提高和标准化的要求，工厂化预制逐渐增多。目前大部分预制混凝土构件为工厂化室内预制。

　　根据工厂加工制作模台的运动与否，将预制混凝土预制构件生产工艺分为平模传送流水线法和固定模位法两种。平模传送流水线法工艺是目前预制混凝土构件的主流生产工艺。

图 3.1　构件现场预制

图 3.2　构件工厂预制

二、生产工艺介绍

　　预制混凝土生产系统由生产线、钢筋生产线、混凝土拌合运输、蒸汽生产输送、车间门吊起运等五大系统组成。其中预制混凝土生产线为主线，其他系统为辅助。

主要加工环节包括构件钢筋骨架入模、预埋件安装、混凝土浇筑振捣、养护成型、构件出模作业等。

（一）环形平模传送生产线

环形平模传送生产线一般为环形布置，适用于几何尺寸规整的板类构件。这种生产线的布置具有效率高、耗能低的特点，但建设初期资金投入大，也是目前国内普遍采用的预制混凝土构件生产流水线方式。

以生产外墙板为例，在平模传送生产线上，主要包括模台清扫、隔离剂喷涂、画线、钢筋安装、预埋件安装、混凝土浇筑、振捣、保温板安放、连接件安装、钢筋网片安装、二次浇筑混凝土、振捣刮平、养护、抹光、蒸养、脱模、吊运、检查、清洗打码等生产工序。生产工序中所需的设备主要包括驱动轮、从动轮、模台、清扫喷涂机、划线机、布料机振动台、振捣刮平机、拉毛机、护窑、抹光机、码垛机、立体蒸养窑、翻板机、平移车辆等。

图3.3是环形平模传送流水线的一种布置图，图中要考虑构件生产各工艺流程的有效衔接，合理划分小的功能区，通过工位控制器控制各工艺的合理进行。

每个功能区之间衔接紧密，行程短，工序操作和模台行走的时间与流水节拍一致。生产工艺流程及实景见图3.4和图3.5。

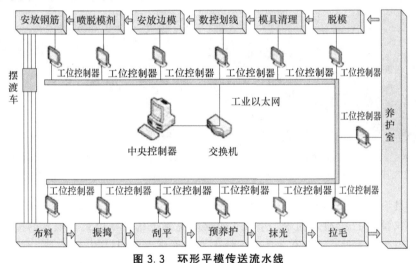

图3.3　环形平模传送流水线

（二）柔性平模传送流水线

柔性平模传送流水线是在近些年传统平模传送流水线上发展形成的一种新型预制构件生产线。它克服了生产单一产品、兼容性差、不能很好地释放生产线产能的缺点，受机械、电子制造业的柔性生产线启发，最大限度释放生产线产能，提高经济效益。它具有适应性强、灵活性高的特点，在同一条生产线上，能同时生产多种不同规格的预制混凝土构件，极大地提高了生产线的产能，发挥出机械化优势，快速摊薄生产线的投入成本，缩短成本回收周期。

目前，国内的柔性平模传送流水线（见图3.6）处于研发试验阶段，尚未被大量应用。柔性生产线与传统平模传送流水线相比，具有以下特点。

（1）针对不同预制混凝土构件混凝土标号和混凝土配合比的差异，柔性生产线会增加拌合站料仓的个数，安装多台混凝土搅拌设备，为拓宽预制混凝土产品的外延性提供硬件支持。

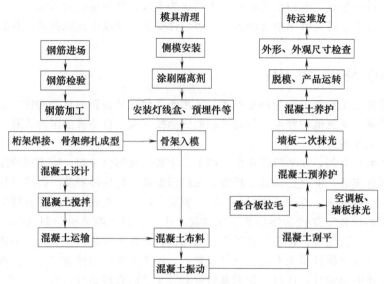

图 3.4　生产工艺流程图

图 3.5　平模传送生产线车间

图 3.6　柔性平模传送流水线实景图

（2）模具设计时，以最大构件的模具为控制尺寸。在一张流转模台上，最大尺寸的预制混凝土构件只预制1～2件，而中、小尺寸的预制混凝土构件则以组合模具的模块化形式出现，一次可以生产多件，达到在一条生产线上共同循环生产的目的。

（3）在规划阶段，针对不同体量、不同配合比的预制混凝土构件，对养护过程进行分仓设计。

（4）根据不同预制混凝土构件存在不同流水节拍的特点，开拓并利用车间内各种工位上下左右的立体空间，采用全方位立体交叉的生产工艺进行设计。

（5）针对使构件混凝土密实的技术要求，可以采取自密型混凝土差异化的措施，也可以根据不同预制混凝土构件的不同工艺路线，设置梯度分明、层次合理的混凝土振捣工位，满足不同预制混凝土构件生产需要。

（三）固定模位法

固定模位法适用于构件几何尺寸不规整，超长、超宽、超重的异形预制混凝土构件，例如楼梯、阳台板、飘窗、转角构件等。固定模位生产线既可设置在车间内，也可设置在施工现场。此种工艺具有投资少、操作简便的优点，但也有效率低、能耗高、速度慢等缺点。使用此方法进行大型构件的现场生产，可以减轻预制混凝土构件运输的压力，同时大大降低工程成本。根据模板的放置位置，固定模位法分为平模法、立模法两种。固定模位平模流水法生产实景见图3.7。

图3.7　固定模位平模流水法生产

（四）长线台座法

对于板式预应力构件，一般采用挤压拉模工艺进行预制生产。对于预应力叠合楼板，通常采用长线预制台座进行成批次预制生产，每个台位的预应力筋张拉到设计值后，再浇筑混凝土并振捣。对于非预应力叠合板、柱等构件亦可采用长线台座法进行生产（见图3.8、图3.9）。

图3.8　预制柱长线台座法生产　　　　　　图3.9　叠合板长线台座生产线

第二节　墙板生产工艺

墙板生产工艺主要有平模和立模两大类型。平模工艺是目前装配式构件的主流生产工艺。其中平模预制生产三明治外墙的方式分为正打法（见图3.10）、反打法（见图3.11）。立模有单组模腔、双组模腔、多组模腔等工艺。

一、平模生产工艺

所谓正打法，首先进行内叶板混凝土的浇筑生产，然后组装外叶板模板、安装保温层、拉结件和外叶板钢筋，再浇筑外叶板混凝土。反之，称为反打法。

| 图 3.10　正打法墙板生产 | 图 3.11　反打法墙板生产 |

正打法的优点是浇筑内墙板时，可通过吸附式磁铁工装将各种预留预埋件进行固定，方便、快捷、简单、规整。但加大了外叶板抹面收光的工作量，外叶板抹面收光后的平整度和光洁度会相对较差。

反打法优点是外叶板的平整度和光洁度高。缺点是在浇筑内叶板混凝土时，会对已浇筑的外叶板混凝土和刚刚安装的保温层产生很大的压力，造成保温层四周的翘曲。由于内叶板面存在较多的预留预埋，不利于振动赶平机的作业，同时振动赶平机对于较厚的内叶板的振捣质量与较薄的外叶板相比，振捣效果较差，要采用人工辅助振捣。相比而言，正打法适合于自动化流水线生产。

（一）正打法生产工艺

预制构件行业中的夹心保温外墙板，又称"三明治"外墙板，因其由外叶墙、保温层、内叶墙三部分组成而得名。三明治夹心保温墙板（简称"夹心保温墙板"）是指把保温材料夹在两层混凝土墙板（内叶墙、外叶墙）之间形成的复合墙板，可达到增强外墙保温节能性能，降低外墙火灾风险，提高墙板保温寿命从而减少外墙维护费用的目的。

根据夹心保温外墙的受力特点，可分为非组合夹心保温外墙、组合夹心保温外墙和部分组合夹心保温外墙。

（1）非组合夹心保温外墙内外叶混凝土受力相互独立，易于计算和设计，适用于各种高层建筑的剪力墙和围护墙。

（2）组合夹心保温外墙的内外叶混凝土需要共同受力，一般只适用于单层建筑的承重外墙或作为围护墙。

（3）部分组合夹心保温外墙的受力介于组合和非组合之间，受力非常复杂，计算和设计难度较大，其应用方法及范围有待进一步研究。

非组合夹心墙板一般由内叶墙承受所有的荷载作用，外叶墙起到保温材料的保护层作用，两层混凝土之间可以产生微小的相互滑移，保温拉接件对外叶墙的平面内变形约束较小，可以释放外叶墙在温差作用下产生的温度应力，从而避免外叶墙在温度作用下产生开裂，使得外叶墙、保温板与内叶墙和结构同寿命。我国装配混凝土结构预制外墙主要采用的是非组合夹心墙板。

以正打法为例，介绍三明治预制混凝土外墙墙板预制生产的各道工序。

1. 模台面清理

模台在翻板机位侧向竖起80°，桁吊将预制混凝土构件吊起运走。翻板机放平后，模台前行至清扫机位。清扫机将台面上的零星混凝土碎块、砂浆等杂物自动收纳进废料收集斗。同时，滚刷进行模台表面光洁度的刷洗处理，清扫过程中产生的粉尘被收集到除尘器收集箱。定期清理清扫机中的废料箱、除尘器收集箱和滤筒，以保证机器的正常使用。

2. 喷涂、画线

模台清扫打磨干净后，运行至喷涂机位前。随着模台端部进入到喷涂机，喷油嘴开始自动进行隔离剂的雾化喷涂作业。可通过调整作业喷嘴的数量、喷涂的角度和时间来调整模台面隔离剂喷涂的厚度、宽度、长度。喷涂完毕，模台运行至画线工位。画线机识别读取数据库内输入的构件加工图和生产数量，在模台面进行单个或多个构件的轮廓线、预埋件安装位置的喷绘。有门窗洞口的墙板，应绘制出门洞、窗口的轮廓线。要定期清理喷涂机和画线机的喷嘴，确保机器工作正常；储料斗要定期检查，油料不足时应及时添加。根据预制构件的生产数量、构件的几何尺寸，人工在模台面上绘制定位轴线，进而绘制出每个构件的内、外侧模板线（见图3.12）。

3. 组装内叶板模板、安装钢筋笼

喷涂画线工作结束后，模台输送到内叶板组模和钢筋安装工位。清理干净内叶模板后，工人按照已画好的组装边线，进行内叶板模板的安装（见图3.13）。按照边线尺寸先安放内叶模板的侧板，再安装另外两块端模，拧紧侧模与端模之间的连接螺栓。螺栓连接后，模板外侧用磁盒加固。将绑扎好的内叶板钢筋网笼吊入模板，并安装好垫块（见图3.14）。在模板表面涂刷隔离剂。

图3.12　画线机作业

图3.13　内叶板模板组装

图3.14　内叶板钢筋安放

4. 安装预留、预埋件

组模和钢筋安装完成后，模台运转到预埋件安装工位，开始安装钢筋连接灌浆套筒、浆锚搭接管、支撑点内螺旋、构件吊点、模板加固内螺旋、电线盒、穿线管等各种预埋件。

（1）钢筋连接灌浆套筒

在正打法预制生产中，与套筒进出浆孔相连的波纹软管的另一端被固定磁座向下吸附于模台面上。钢筋连接灌浆套筒固定工装的橡胶塞一端，塞入套筒口内，另一端螺栓穿过模板上的开孔，逐渐拧紧固定螺丝，橡胶塞被压缩膨胀后，与套筒口紧密结合。图 3.15 为半灌浆套筒的安装。

图 3.15　正打法半灌浆套筒安装

图 3.16　吊钉安装

（2）构件安装

支撑点内螺栓连接件、模板加固内螺旋外墙板的安装支撑点、现浇段模板连接固定点，均可采用磁性底座，将内螺旋连接件吸附固定于模台之上。

（3）安装构件吊点

外墙板的吊点可采用与构件重量相对应的吊钉，也可用钢筋自行加工 U 形吊环。每块墙板四个吊点或吊环，预埋在内叶板顶部（见图 3.16）。

（4）安装电线盒和穿线管

采用方形、八角形磁性底座将电线盒吸附固定在模台上。穿线管与电盒连接后，用扎丝绑扎固定在邻近的钢筋上。

（5）预留孔洞

后浇段加固模板采用穿心式设计。在外墙板预制时预留穿墙孔洞，通过穿墙螺杆加固模板在外墙板底部用圆形磁性底座固定 PVC 管，预留出管路进出的通道。

5.浇筑、振捣内叶板混凝土

模板、钢筋和预留、预埋件安装完毕后，模台运行至混凝土浇筑工位，再次对模板、钢筋和预留、预埋件进行检查，符合验收要求后，抬升模台并锁定在振动台上，根据构件混凝土厚度、混凝土方量调整振动频率和时间，确保混凝土振捣密实。输送料斗通过上悬式轨道，从搅拌站将拌合好的混凝土输送至车间内布料机的上方，进行卸料作业。布料机往内叶板内自动布料时（见图 3.17），需要根据构件浇筑宽度、有无开口、混凝土坍落度等参数设置浇筑程序，调整布料机自动分段和开口参数。内叶板混凝土浇筑振捣

图 3.17　浇筑内叶板混凝土

完成后，用木抹将混凝土表面抹平，确保表面平整。每次工作完毕后，要及时清理和清洗混凝土输料斗、布料斗。

6.组装外叶板模板、安装保温板

工人在桁吊辅助下，安装上层的外叶板模板，上下层模板采用螺栓连接固定牢固。在模板表面涂刷隔离剂，在内叶板混凝土未初凝前，将加工拼装好的保温板逐块在外叶模板内安放铺装，使保温板与混凝土面充分接触，保温板整体表面要平整，保温板要提前按照构件形状，设计切割成型，并在模台外完成试拼。

7.安装连接件和外叶板钢筋

(1)采用玻璃纤维连接件时，在铺设好的保温板上，按照连接件设计图中的几何位置，进行开孔。将连接件穿过孔洞，插入内叶板混凝土，将连接件旋转90°后固定。采用套筒式、平板式、别针式、桁架式的钢制连接件，则根据需要，用裁纸刀在挤塑板上开缝，或将整块保温板裁剪成块，围绕连接件逐块铺设。一般按照厂家提供的连接件布置图，进行连接件的布置安装，且经过受力验算合格。在保温板安装完毕后，用胶枪将板缝、连接件安装留下的圆形孔洞注胶封闭。

(2)将加工好的钢筋网片铺设到保温板上的外叶板模板内，安装垫块，保证保护层厚度。在钢筋安装过程中，被触碰移位的连接件，要重新就位。

8.二次浇筑、刮平振捣外叶板混凝土

(1)在二次浇筑工位，检查校核外叶板模板尺寸和钢筋网保护层，确保符合设计和施工规范要求后进行外叶板混凝土的浇筑。浇筑混凝土时，人工辅助整平，使混凝土的高度略高于模板。

(2)进入振捣刮平工位后，振捣刮平梁的混凝土表面，边振捣边刮平，直到混凝土表面出浆平整为止。根据外叶板混凝土的厚度，调整振捣刮平梁的振频，确保混凝土振捣密实。

9.构件预养护、板面抹光

(1)构件外叶板完成表面振捣刮平后，进入预养护窑内，对构件混凝土进行短时间的养护。利用蒸汽管道散发的热量维持预养窑内的温度，窑内温度控制在30～35℃之间，最高温度不得超过40℃。

(2)在预养窑内的构件完成初凝，达到一定强度后，出预养窑，进入抹光工位。抹光机对构件外叶板面层进行搓平抹光。如果构件表面平整度、光洁度不符合规范要求，要再次作业。

10.构件养护

构件抹光作业结束后，进入蒸养工位，码垛机将预制混凝土构件连同模台一起送入蒸养窑蒸养。

立体蒸养采取湿蒸的养护方式，自动控制窑内的温度、湿度。最高温度不超过60℃，升温速度不大于15℃/h，降温速度不大于20℃/h，恒温温度不大于60℃。预制混凝土构件在蒸养窑内恒温蒸养8～10h，混凝土强度达到脱模、吊装要求后，码垛机将模台和构件从蒸养窑内取出，进入到下一工位。

11.构件拆模、起运、清洗、修补

(1)拆模前，用专用撬棍松动固定磁盒，解除锁定。再用扳手松开并去除模板上的螺栓后，桁吊配合拆除起运模板（见图3.18）。模板清理干净后转运到下一模板组装工位。

(2)已拆除模具后的构件在模台上，

图3.18 正打法外墙板脱模

运行至墙板起吊工位。安装快速接驳器和吊具，翻板机将墙板倾斜状竖起后起吊，将预制混凝土构件吊至清洗修补工位。

（3）根据拆模起运后构件的表观质量，清洗构件，对破损的部位进行适当修补。然后运至指定位置堆放，并牢固固定构件。

（二）反打法生产工艺

1. 反打工艺

所谓"反打"就是在平台座或平钢模的底模上预铺各种花纹的衬模，使墙板的外皮在下面，内皮在上面，与"正打"正好相反。这种工艺可以在浇筑外墙混凝土墙体的同时一次将外饰面的各种线型及质感带出来（见图 3.19）。

图 3.19　反打工艺生产的墙板

2. 工艺流程

拼装底模→铺贴面砖→绑扎钢筋网片→浇筑外叶墙板→外叶墙板初凝前放置保温板→插放 FRP 连接件→合侧模板→吊入内叶板钢筋笼→浇筑内叶墙板→混凝土养护→拆除模板→预制墙板起吊→预制墙板粗糙面处理→外墙装饰面清洗。

3. 适用条件

反打法工艺一般适用于有瓷砖、石材饰面和清水混凝土饰面的墙板。该工艺可将所选用的瓷砖或天然石材预贴于模板表面，采用反打成型工艺，与三明治保温外墙板的外叶墙混凝土形成一体化装饰效果。为保证瓷砖和石材与混凝土粘接牢固，应使用背面带燕尾槽的瓷砖或带燕尾槽的仿石材效果陶瓷薄板，细部构造见图 3.20、图 3.21。如果采用天然石材装饰

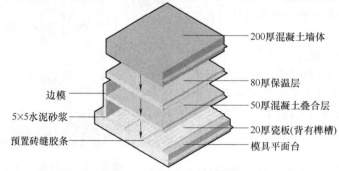

图 3.20　反打工艺墙板构造

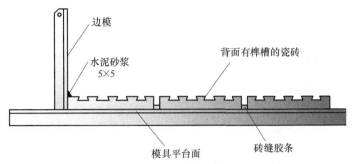

图 3.21 反打工艺中饰面板与模具平台细部构造

材料，背面还要设专用爪钉，并涂刷防水剂。对于一般的清水混凝土饰面，可以在外叶墙表面涂刷耐候性强、耐沾污好、防开裂的特种透明防护涂料，如有机硅烷涂料、氟碳涂料等，可以起到更好的清水防护效果，达到墙板表面密实性好，不易开裂的立面效果。

二、立模生产工艺

立模就是将构件"立起来"浇筑成型，充分利用竖向空间，节约水平空间，构件的两个最大表面均是模板成型面，质量和精度大大提高，取消了预养和抹面工序，适合免振捣自密实混凝土成型，便于自动化集约式生产的实现。

组合立模用来生产单层、大面积、钢筋密集程度相对较低的混凝土预制构件，如图3.22 所示。并列式组合模具由固定的模板、两面可移动模板组成。在固定模板和移动模板内壁之间是用来制造预制构件的空间。

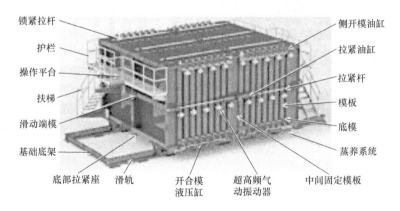

图 3.22 成组立模设备示意图

立模的工艺流程、设备配置、车间要求和人员配置等与固定模台流程基本一致，只是模具和组模环节不同。

成组立模设备融合了机、电、液压、自动控制、数据通信等技术，可实现集约化、自动化构件成型。系统主要由模腔系统、附着振动及控制系统、蒸养及控制系统、液压开合及控制系统等组成。

立模主要工艺流程图如图 3.23 所示。

立模在制作内隔墙板领域的运用比较成熟（图 3.24），制作预制混凝土楼梯板也比较适宜，但用于出筋较多的剪力墙板、夹芯保温板和装饰一体化的外挂墙板，目前应用较少。

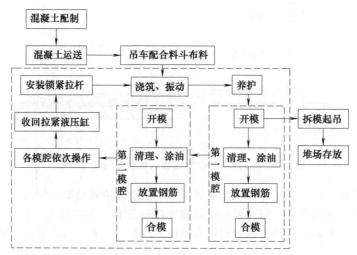

图 3.23　成组立模施工工艺流程

图 3.24　成组立模装置

1. 立模的优点

（1）占地面积小。

（2）构件立面没有压光面，光洁。

（3）降低模具成本。

（4）不用翻转环节。

2. 立模的缺点

立模工艺适用范围较窄，构件成型过程中混凝土对模板的侧压力增大，易造成模板变形和漏浆；钢筋和预埋件在重力作用下容易移位。

第三节　叠合楼板生产工艺

叠合楼板预制一般使用平模传送流水线法，具有生产效率高、产量大的特点。也可在车间内的固定模台上生产，采取叉车端运、桁吊吊运、桁吊与混凝土搅拌运输车配合运输等多种预制生产方式。桁吊与混凝土搅拌运输车组合时，桁吊可浇筑混凝土，也可吊运构件。叠合楼板生产工艺主要包括以下几项内容。

一、准备工作

（一）模台清理

检查固定模台的稳固性能和水平高差，确保模台牢固和水平。对模台表面进行打磨处理，确保模台面无锈迹（见3.25）。

图3.25　模台清理

（二）模具组拼

将钢模清理干净，无残留砂浆。在桁吊配合下，人工辅助进行模板侧模和端模拼装，用紧固螺栓将其固定，保证模具侧模的拼装尺寸及垂直度满足标准要求（见3.26）。

图3.26　模具组拼

（三）涂刷隔离剂

在将成型钢筋吊装入模之前，在模板侧面和模台上涂刷隔离剂，防止将隔离剂涂刷到钢筋上，用抹布或海绵吸附清理过多已流淌的隔离剂。

（四）钢筋骨架绑扎安装

在钢筋网绑扎台位，将叠合楼板钢筋网片绑扎成型。桁吊将钢筋网骨架吊放入模具，梅花状布置垫块，确保保护层厚度。

（五）安装预埋件、预留孔洞

按安装构件加工图所示，进行预埋件的安装和预留孔洞的布设（见图3.27、图3.28）。叠合板预埋件主要是电盒、吊环。一般的预留孔洞为上下水套管、叠合楼板设计缺口等。

图 3.27　安装套管　　　　　　　　　　　图 3.28　叠合板预留孔洞

二、浇筑与养护

（一）浇筑混凝土

利用室外固定模台预制叠合楼板时，可用吊车吊运料斗浇筑混凝土（见图3.29）；也可用叉车端送混凝土料斗，用龙门吊布料浇筑。车间内混凝土的运输多采用悬挂式输送料斗。如果模台下未安装振动器，振捣时可采用振捣棒或平板振动器。振捣标准为混凝土表面泛浆，不再下沉，无气泡溢出。

图 3.29　浇筑混凝土

（二）混凝土抹面、拉毛

混凝土振捣密实后，用木抹抹平叠合楼板表面。流水生产线一般采用拉毛机进行机械拉毛，加大叠合楼板顶面混凝土的粗糙度。在固定模台生产时，采用人工拖拽拉毛器进行拉毛。

（三）养护

在固定模台浇筑完预制混凝土构件后，可采用移动式拱形棚架、拉链棚架将构件连同模台一起封闭，通过蒸汽进行养护（见图 3.30），也可采用覆盖塑料薄膜自然养护，或覆盖草苫。养护的方法应根据现场条件、气候和天气等因素，综合考虑选取。

图 3.30　叠合板蒸汽养护

第四节　楼梯预制生产工艺

楼梯预制生产工艺，根据模具放置位置的不同，主要有立式预制生产工艺和卧式预制生产工艺。

一、楼梯立式预制生产工艺

楼梯立式预制生产工艺（图 3.31），具有生产速度快、抹面和收光工作量小的优点，主要包括以下几项工艺。

图 3.31　楼梯立式生产

(一) 模具清理、喷涂刷油

打开模具丝杠连接，将立式楼梯模具活动一侧滑出。检查楼梯模具的稳固性能及几何尺寸的误差、平整度。对楼梯模具的表面进行抛光打磨，确保模具光洁、无锈迹。

(二) 钢筋加工绑扎

在地面绑扎工位，在支架上按照设计图纸要求绑扎楼梯钢筋，并绑扎垫块。

(三) 楼梯钢筋入模就位、预埋件安装

使用桥式门吊将绑好的楼梯钢筋骨架吊入楼梯模具内，调整垫块保证混凝土保护层厚度。预埋件采用螺栓，穿过模具预留孔安装固定好。

(四) 合模、加固

使用密封胶条，在模具周边密封。将移动一侧的模板滑回，与固定一侧模板合在一起，关闭模具，用连接杆将模具固定，并紧固螺栓。

(五) 浇筑、振捣混凝土

吊运装满混凝土的料斗至楼梯模具上，打开布料口卸料。按照分层、对称、均匀的原则，每20～30cm一层浇筑混凝土。振动棒应快插慢拔，每次振捣20～30s。以混凝土停止下沉、表面泛浆、不冒气泡为止。也可以通过楼梯模具外侧的附着式振动器，进行楼梯混凝土的振捣密实。

(六) 楼梯侧面抹面、收光

浇筑至模具的顶面后，进行抹面。静置1h后，进行抹光。

(七) 养护

楼梯混凝土外露面抹光，罩上养护棚架，静置2h后，开始升温养护。楼梯混凝土的蒸养，按照相关技术规范及要求进行。

(八) 拆模、吊运

拆模顺序是先松开预埋件螺栓的紧固螺丝，再解除两块侧模之间的拉杆连接，然后再横移滑出一侧的模板。用撬棍轻轻移动楼梯构件，穿入吊钩后慢慢起吊，门吊吊运楼梯构件至车间内临时堆放场地，进行检查清洗打号。

二、楼梯卧式预制生产工艺

卧式楼梯的生产（图3.32）与立式楼梯的预制生产工艺除组模以外，其他过程基本一致，就是抹面收光的工作量大。卧式楼梯模具的组模，先安放底模（锯齿状模板），再安装两侧的侧模和端模，侧模和端模之间连接和尺寸固定是由侧模顶端的螺杆来完成的。螺杆松开可以将侧模移动到不影响预制楼梯脱模的位置；在侧模和底模连接处使用销钉进行定位；确保每次安装尺寸不会有误差。然后用螺栓紧固，拆模则相反。

图 3.32　卧式楼梯钢筋绑扎

复合墙板生产工艺

墙板立式预制法的优点在于只有一个侧面需要抹面、收光；用工量少，生产迅速，效率高；构件外形平整、美观；设备占空间小，可以成组立模的形式来批量生产墙板。墙板立式预制法历史较为悠久，从单一的单组模腔到双组模腔，后发展为多组模腔。目前，成组立模的模腔数多为8、10、12、16、20组。成组立模有半拆式立模、全拆式立模、悬挂式立模、芯模固定等形式，且多用于生产复合材料的内外墙板。例如：复合夹芯板（聚苯颗粒水泥夹芯板、泡沫石膏夹芯板等）。

一、模具设计及组装

成组立模模具通常由底模（底座）、侧模隔板、端模堵板、加固系统组成（见图3.33），其中底模是与底座连为一起的整体钢制底模。侧模隔板侧立于底模上，组成成组的空腔，每个模组空腔即为一片墙板。端模堵板安装在成组空腔的两端，被侧模隔板紧固卡在设计位置，保证预制墙体的尺寸符合设计要求。组装定位后，将连接系统紧固在成组立模周边，使每一片侧模与底模和端模紧密接触。再将钢筋网片或成排的芯管插入模腔中定位，即可浇筑水泥复合墙体材料。

图 3.33　成组立模墙板生产

二、墙板立式生产工艺

墙板立式生产工艺主要包括以下几项工艺内容。

（1）搅拌机搅拌混合料，完成一组成组立模浇筑墙板用料的搅拌。

（2）将成组立模打开，逐个清理模腔内杂物，并涂上隔离剂。

（3）安装钢筋网片并定位后，合上立模，并加固成组立模。

（4）在抽芯机工位，穿入成组芯管，检查芯管位置。

（5）成组立模在布料工位，在倾模机带动下，转换姿态，进入布料状态。

（6）混凝土输送泵将混合料送到布料机，布料机将混合料均匀注入各个模腔里。

（7）完成浇筑混合料的立模，在初养工位养护，待浇筑的混合料达到一定强度后，进入抽芯工位。抽芯机抽出芯管。

（8）芯管抽出的立模进入正式养护工位。

（9）完成养护的立模进入拆模工位。开模后，取出墙板。同时，清理模腔、涂上隔离剂，成组立模进入下一次生产循环。

第六节　构件存放

一、车间内临时存放

（一）存放区

在车间内设置专门的构件存放区。存放区内主要存放出窑后需要检查、修复和临时存放的构件。特别是蒸养构件出窑后，应静止一段时间，方可转移到室外堆放。车间内存放区内根据立式、平式存放构件，划分出不同的存放区域。存放区内设置构件存放专用支架、专用托架。车间内构件临时存放区与生产区之间要画出并标明明显的分隔界限。同一跨车间内主要使用门吊进行短距离的构件输送。跨车间或长距离运送时，采用构件运输车运输、叉车运输等方式。

（二）存放方式

不同预制构件存放方式有所不同。构件在车间内选择不同的堆放姿态时，首先保证构件的结构安全，其次考虑运输的方便和构件存放、吊装时的便捷。在车间堆放同类型构件时，应按照不同工程项目、楼号、楼层进行分类存放，并进行标注。构件底部应放置两根通长方木，以防止构件与硬化地面接触造成构件缺棱掉角。同时两个相邻构件之间也应设置木方，防止构件起吊时对相邻构件造成损坏。

（1）叠合板堆放严格按照标准图集要求，叠合板下部放置通长 $10cm \times 10cm$ 方木，垫木放置在桁架两侧。每根方木与构件端部的距离、堆放的层数一般不得超过 6 层。多层堆放的支承点要经过验算，且上下支承点对应一致。不同板号要分类堆放。叠合板构件较薄，必须放置在转运架上后才可用叉车运输，防止在运输过程中，叠合板发生断裂现象。车间内叠合板堆放见图3.34。

（2）墙板在临时存放区设专用竖向墙体存放支架立式存放（见图3.35）。

图 3.34　车间内叠合板堆放　　　　　　图 3.35　车间内墙板立式存放

（3）楼梯采用平向堆放，楼梯底部与地面之间以及楼梯与楼梯之间支垫方木（见图3.36）。

图 3.36　车间内楼梯堆放

（4）预制柱和预制梁均采用平式堆放，底部与地面之间以及层与层之间支垫方木（见图3.37、图3.38）。

图 3.37　车间内预制柱堆放　　　　　　图 3.38　车间内预制梁堆放

二、车间外（堆场）存放

（1）预制构件在发货前一般堆放在露天堆场内。在车间内检查合格，并静置一段时间后，用专用构件转运车和随车起重运输车、改装的平板车运至室外堆场分类进行存放（见图 3.39）。

图 3.39 预制构件露天堆场

（2）堆场内的每条存放单元内被划分成不同的存放区，用于存放不同的预制构件。根据堆场每跨宽度，在堆场内呈线型设置墙板存放钢结构架，每跨可设 2～3 排存放架，存放架距离龙门吊轨道 4～5m。在钢结构存放架上，每隔 40cm 设置一个可穿过钢管的孔道，上下两排，错开布置。根据墙板厚度选择上下临近孔道，插入无缝钢管，卡住墙板。因立放墙板的重心高，故存放时必须考虑紧固措施（一般用楔形木加固），防止在存放过程中因外力（风或震动）造成墙板倾倒而使预制构件被破坏。预制构件不同的存放区见图 3.40。

图 3.40 预制构件不同的存放区

一、规划运输线路

首先进行运输线路的模拟规划，再派车辆沿规划路线，逐条进行实地勘察验证。对每条运输路线所经过的桥梁、涵洞、隧道等结构物的限高、限宽等要求，进行详细调查记录，要确保构件运输车辆无障碍通过。最后合理选择 2～3 条线路，构件运输车选择其中的一条作为常用的运输路线，其余的 1～2 条，可作为备用方案。运输构件的车辆经过城区道路时，应遵守国家和地方的道路交通管理规定。

二、车辆组织

大量的预制混凝土构件可借用社会物流运输力量，以招标的形式，确定构件运输车队。少量的构件，可自行组织车辆运输。发货前，应对承运单位的技术力量和车辆、机具等进行审验，并报请交通主管部门批准，必要时要组织模拟运输。在运输过程中要对预制构件进行规范保护，最大限度地消除和避免构件在运输过程中的污染和损坏。做好构件成品的防碰撞措施，采用木方支垫、包装板围裹进行保护。

三、运输方式

预制构件主要采用公路汽车运输的方式。叠合板采用随车起重运输车（随车吊）运输，墙板和楼梯等构件采用构件专用运输车和改装后的平板车进行运输。对常规运输货车进行改装时，要在车厢内设置构件专用固定支架，固定牢靠后方可投入使用。预制叠合板、阳台、楼梯、梁、柱等预制混凝土构件宜采用平放运输，预制墙板宜在专用支架框内以竖向靠放的方式运输，或采用"A"形专用支架斜向靠放运输，即在运输架上对称放置两块预制墙板（见图 3.41）。

图 3.41 构件运输车

一些开口构件、转角构件为避免运输过程中被拉裂，须采取临时拉结杆。对此设计应给出要求。

图 3.42 是一个 V 形墙板临时拉结杆的例子，用两根角钢将构件两翼拉结，以避免构件内转角部位在运输过程中拉裂。安装就位前再将拉结角钢卸除。

图 3.42　V形墙板临时拉结杆

　　需要设置临时拉结杆的构件包括断面面积较小且翼缘长度较长的 L 形折板、开洞较大的墙板、平面 L 形板、V 形构件、半圆形构件、槽形构件等（图 3.43）。临时拉结杆可以用角钢、槽钢，也可以用钢筋。

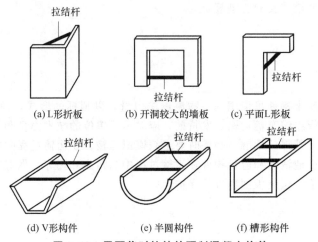

图 3.43　需要临时拉结的预制混凝土构件

<<<< **本章思考题** >>>>

1. 装配式预制构件的生产线有哪几种，各有什么特点？
2. 试说明正打法生产墙板的工艺。
3. 正打法和反打法生产工艺有何区别？
4. 预制楼梯生产工艺是什么？
5. 装配式构件存放注意哪些问题？
6. 如何进行装配式构件运输？

第四章

装配式现场施工工艺

第一节 装配式混凝土结构施工技术概述

装配式混凝土结构是指由预制混凝土构件通过可靠的连接方式装配而成的混凝土结构。

一、装配式混凝土结构分类

装配式混凝土结构体系一般可分为装配式混凝土剪力墙结构体系、装配式混凝土框架结构体系、装配式混凝土框架剪力墙结构体系、装配式预应力混凝土框架结构体系等。各种结构体系的选择可根据具体工程的高度、平面、体型、抗震等级、设防烈度及功能特点来确定。

(一) 装配式混凝土剪力墙结构体系

装配式混凝土剪力墙结构体系为工程主要受力构件(剪力墙、梁、板)部分或全部由预制混凝土构件(预制墙板、叠合梁、叠合板)组成的装配式混凝土结构。其工业化程度高,房间空间完整,几乎无梁柱外露,可选择局部或全部预制,适用于住宅、旅馆等小开间建筑。

(二) 装配式混凝土框架结构体系

装配式混凝土框架结构体系为混凝土结构全部或部分采用预制柱或叠合梁、叠合板、双T板等构件,竖向受力构件之间通过套筒灌浆形式连接,水平受力构件之间通过套筒灌浆或后浇混凝土形式连接,节点部位通过后浇或叠合方式形成可靠传力机制,并满足承载力和变形要求的结构形式。装配式框架结构体系工业化程度高,内部空间自由度好,可以形成大空间,满足室内多功能变化的需求,适用于办公楼、酒店、商务公寓、学校、医院等建筑。

(三) 装配式混凝土框架-剪力墙结构体系

装配式混凝土框架-剪力墙结构体系是由框架与剪力墙组合而成的装配式结构体系,将预制混凝土柱、预制梁,以及预制墙体在工厂加工制作后运至施工现场,通过套筒灌浆或现浇混凝土等方法装配形成整体的混凝土结构形式。该体系工业化程度高，内部空间自由度较好，适用于高层、超高层的商用与民用建筑。

（四）装配式预应力混凝土框架结构体系

装配式预应力混凝土框架结构体系是指一种装配式、后张、有黏结预应力的混凝土框架结构形式。建筑的梁、柱、板等主要受力构件均在工厂加工完成，预制构件运至施工现场吊装就位后，将预应力筋穿过梁柱预留孔道，对其实施预应力张拉预压后灌浆，构成整体受力节点和连续受力框架。该体系在提升承载力的同时，能有效节约材料，可实现大跨度并最大限度满足建筑功能和空间布局。预应力框架的整体性及抗震性能较佳，有良好的延性和变形恢复能力，有利于震后建筑物的修复。在装配式预应力混凝土框架结构体系中，装配式预应力双 T 板结构体系应用较为广泛，其梁、板结合的预制钢筋混凝土承载构件由宽大的面板和两根窄而高的肋组成。其面板既是横向承重结构，又是纵向承重肋的受压区。在单层、多层和高层建筑中，双 T 板可以直接搁置在框架梁或承重墙上作为楼层或屋盖结构。预应力双 T 板跨度可达 20m 以上，如用高强轻质混凝土则可达 30m 以上。

二、装配式混凝土结构部件

装配式混凝土结构常用预制构件主要有预制混凝土柱、预制混凝土梁、预制混凝土楼板、预制混凝土墙板、预制混凝土双 T 板、预制混凝土楼梯、预制阳台、预制空调板等构件。

（一）预制混凝土柱

预制混凝土柱在工厂预制完成，为了结构连接的需要，需在端部留置插筋，如图 4.1、图 4.2 所示。

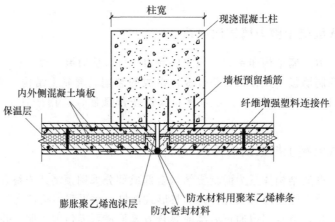

图 4.1　预制混凝土柱连接示意图

（二）预制混凝土梁

预制混凝土梁（图 4.3）在工厂预制完成，有预制实心梁和预制叠合梁。为了结构连接的需要，预制梁在端部需要留置锚筋。叠合梁箍筋可采用整体封闭箍或组合式封闭箍筋，组合式封闭箍筋是指 U 形上开口箍筋和 ⊓ 形下开口箍筋，共同组合形成的封闭箍筋。

图 4.2 预制混凝土柱

图 4.3 预制混凝土梁

（三）预制混凝土楼板

预制混凝土楼板包括预制实心混凝土板、预制混凝土叠合板。预制混凝土叠合板（见图 4.4）最常见的主要有两种，一种是桁架钢筋混凝土叠合板，另一种是预制预应力混凝土叠合板，包括预制实心平底板叠合板、预制带肋底板混凝土叠合板和预制空心底板混凝土叠合板等。

图 4.4 预制混凝土叠合板

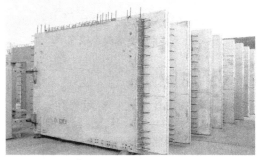

图 4.5 预制混凝土外墙板

（四）预制混凝土墙板

预制混凝土墙板种类有预制混凝土实心剪力墙墙板、预制混凝土夹心保温剪力墙墙板、预制混凝土双面叠合剪力墙墙板、预制混凝土外挂墙板等，见图 4.5。

（五）预制混凝土双 T 板

预制混凝土双 T 板是板、梁结合的预制钢筋混凝土承载构件，由宽大的面板和两根窄而高的肋组成。其面板既是横向承重结构，又是纵向承重肋的受压区。双 T 板屋盖有等截面和双坡变截面两种，前者也可用于墙板。在单层、多层和高层建筑中，双 T 板可以直接搁置在框架、梁或承重墙上，作为楼层或屋盖结构，见图 4.6。

图 4.6 预制混凝土双 T 板

（六）预制混凝土楼梯

预制混凝土楼梯（见图4.7）按其构造方式可分为梁承式、墙承式和墙悬臂式等类型。目前常用预制楼梯为预制钢筋混凝土板式双跑楼梯和剪刀楼梯，在工厂预制完成，在现场进行吊装。预制楼梯具有以下优点：① 预制楼梯安装后可作为施工通道；② 预制楼梯受力明确，地震时支座不会受弯破坏，保证了逃生通道，同时楼梯不会对梁柱造成伤害。

（七）预制混凝土阳台

预制阳台通常包括叠合板式阳台、全预制板式阳台和全预制梁式阳台，见图4.8。预制阳台板能够克服现浇阳台的缺点，解决阳台支模复杂、现场高空作业费时费力的问题，还能避免在施工过程中，由于工人踩踏使阳台楼板上部的受力筋被踩到下面，从而导致阳台拆模后下垂的质量通病。

图4.7　预制混凝土楼梯

图4.8　预制混凝土阳台

（八）其他构件

根据结构设计不同，实际应用还会有其他构件，如空调板、女儿墙、外挂板（见图4.9）、飘窗（图4.10）等。预制飘窗即将飘窗外侧的上翻线条和飘窗板分别进行预制或整体预制并预留两侧钢筋便于结构连接，板底钢筋锚入叠合梁、叠合板结构中；预制女儿墙包括夹心保温式女儿墙和非保温式女儿墙等。

图4.9　预制混凝土外挂板

图4.10　预制混凝土飘窗

三、装配式混凝土结构主要施工流程

（一）构件组成

装配式混凝土结构由水平受力构件和竖向受力构件组成，预制构件采用工厂化生产，构件运至施工现场后通过装配及后浇形成整体结构，其中竖向结构通过灌浆套筒连接、浆锚连接或其他方式进行连接，水平向钢筋通过机械连接、绑扎锚固或其他方式连接，局部节点采用后浇混凝土结合。预制外挂板、预制阳台、预制楼梯通常在预制部分上预留锚筋，锚筋伸入叠合现浇层内。

（二）主要施工工序

装配式建筑其预制构件吊装顺序如下：

预制墙（柱）吊装→预制梁吊装→预制板吊装→预制外挂板吊装→预制阳台板吊装→楼梯吊装→现浇结构工程及机电配管施工→现浇混凝土施工（其中预制楼梯也可在现浇混凝土施工完毕拆模后进行吊装）

四、装配式混凝土结构连接技术

预制装配式建筑依靠节点连接及拼缝将预制构件连接成为整体，通过合理的连接节点与构造，保证构件的连续性和整体稳定性，使结构具有必要的承载能力、刚性和延性以及良好的抗风、抗震和抗偶然荷载的能力。常用的连接方式包括套筒灌浆连接、浆锚连接以及现浇连接。

（一）套筒灌浆连接

（1）套筒灌浆连接即通过预埋灌浆套筒，采用后注浆的方式进行连接，适用大直径钢筋和钢筋集中连接，应用广泛，技术成熟。套筒灌浆连接可采用直接连接和间接连接等形式，便于现场操作；也可采用群灌技术灌浆，使用效率较高。套筒灌浆连接按照结构形式分为半灌浆连接和全灌浆连接（图4.11），半灌浆连接通常是上端钢筋采用直螺纹、下端钢筋通过灌浆料与灌浆套筒进行连接，一般用于预制剪力墙、框架柱主筋连接。全灌浆连接是两端钢筋均通过灌浆料与套筒进行的连接，一般用于预制框架梁主筋的连接。

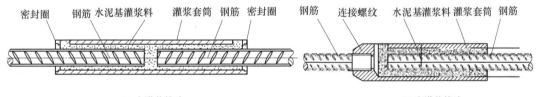

| 密封圈 钢筋 水泥基灌浆料 灌浆套筒 钢筋 密封圈 | 钢筋 连接螺纹 水泥基灌浆料 灌浆套筒 钢筋 |

(a) 全灌浆接头　　　　　　　　　　　(b) 半灌浆接头

图 4.11　全灌浆套筒、半灌浆套筒示意

（2）灌浆套筒采用金属材质圆筒，两根连接钢筋分别从两端插入对接，套筒内注满水泥基灌浆料，通过灌浆料的传力作用实现钢筋连接。灌浆套筒分为全灌浆套筒和半灌浆套筒，是装配式建筑最主要的配套产品。

（3）钢筋连接用套筒灌浆料是以水泥为基本材料，并配以细骨料、外加剂及其他材料混合而成的干混料，按照比例加水搅拌后具有流动性好、早强、高强度及微膨胀等特点。

（二）浆锚连接

浆锚连接分为金属波纹管浆锚间接搭接连接和约束浆锚搭接连接。金属波纹管浆锚间接搭接连接的搭接处使用金属波纹管，适用于小直径钢筋连接，其技术容易掌握、成本低；约束浆锚搭接连接搭接范围内配置约束螺旋箍筋，形成约束混凝土区，灌浆料为高性能补偿收缩水泥基材料，可采用压力注浆，适用于 7 度设防以下地区的中等高度建筑，其不需要使用套筒，对灌浆料的技术要求较低，制作成本低，浆锚接头见图 4.12。

（三）现浇连接

现浇连接通过预制构件端头部分的合理节点设置，后浇混凝土进行连接，包括双皮墙连接、环形筋连接等，见图 4.13。

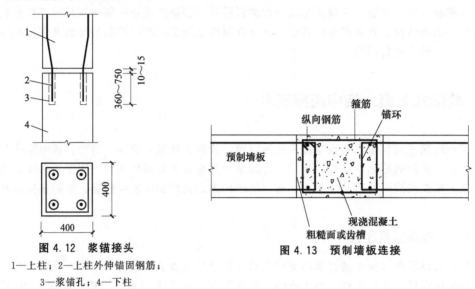

图 4.12 浆锚接头
1—上柱；2—上柱外伸锚固钢筋；
3—浆锚孔；4—下柱

图 4.13 预制墙板连接

第二节 构件现场堆放

装配式建筑施工中，预制构件品类多，数量大，无论在工厂生产还是施工现场均占用较大场地面积，合理有序地对构件进行分类堆放，对于减少构件堆场使用面积，加强成品保护，加快施工进度，构建文明施工环境均具有重要意义。预制构件的堆放应按规范要求进行，确保预制构件在使用之前不受破坏，以运输及吊装时能快速、便捷找到对应构件为基本原则。

一、场地要求

（1）施工场地出入口不宜小于 6m，场地内施工道路宽度应满足构件运输车辆双向开行及卸货吊车的支设空间。

（2）若受场地面积限制，预制构件也可由运输车辆分块吊运至作业层进行安装。构件进场计划应根据施工进度及时调整，避免延误工期。

（3）预制构件的存放场地宜为混凝土硬化地面或经人工处理的自然地坪，应满足平整度和地基承载力要求，并应有排水措施。

（4）堆放预制构件时应使构件与地面之间留有一定空隙，避免与地面直接接触，须搁置于木头或软性材料上，堆放构件的支垫应坚实牢靠，且表面有防止污染构件的措施。

（5）预制构件的堆放场地选择应满足吊装设备的有效起重范围，尽量避免出现二次吊运，以免造成工期延误及费用增加。场地大小选择应根据构件数量、尺寸及安装计划综合确定。预制构件应按规格型号、出厂日期、使用部位、吊装顺序分类存放，编号清晰。不同类型构件之间应留有不小于 0.7m 的人行通道。

（6）预制构件存放区域 2m 范围内不应进行电焊、气焊作业，以免污染产品。露天堆放时，预制构件的预埋铁件应有防止锈蚀的措施，易积水的预留、预埋孔洞等应采取封堵措施。

（7）预制构件应采用合理的防潮、防雨、防边角损伤措施，堆放边角处应设置明显的警示隔离标识，防止车辆或机械设备碰撞。

二、堆放方式

构件堆放方法主要有平放和立（竖）放两种，具体选择时应根据构件的刚度及受力情况区分。通常情况下，梁、柱等细长构件宜水平堆放，且不少于 2 条垫木支撑；墙板宜采用托架立放，上部两点支撑；楼板、楼梯、阳台板等构件宜水平叠放，叠放层数应根据构件与垫木或垫块的承载力及堆垛的稳定性确定，必要时应设置防止构件倾覆的支架。叠板预制底板水平叠放层数不应大于 6 层；预制阳台水平叠放层数不应大于 4 层，预制楼梯水平叠放层数不应大于 6 层。

（一）平放时的注意事项

（1）对于宽度不大于 500mm 的构件，宜采用通长垫木；宽度大于 500mm 的构件，可采用不通长垫木。放上构件后可在上面放置同样的垫木，若构件受场地条件限制需增加堆放层数，须经承载力验算。

（2）垫木上下位置之间如果存在错位，构件除了承受垂直荷载，还要承受弯曲应力和剪切力，所以必须放置在同一条线上。

（3）构件平放时应使吊环向上标识向外，便于查找及吊运。

（二）竖放时的注意事项

（1）立放可分为插放和靠放两种方式。插放时场地必须清理干净，插放架必须牢固，挂钩应扶稳构件，垂直落地，靠放时应有牢固的靠放架，必须对称靠放和吊运，其倾斜度应保持大于 80°，构件上部用垫块隔开。

（2）构件的断面高宽比大于 2.5 时，堆放时下部应加支撑或有坚固的堆放架，上部应拉牢固定，避免倾倒。

（3）要将地面压实并铺上混凝土等，铺设路面要整修为粗糙面，防止脚手架滑动。

（4）柱和梁等立体构件要根据各自的形状和配筋选择合适的储存方法。

三、典型构件堆放

（一）预制剪力墙堆放

墙板垂直立放时，宜采用专用 A 字架形式插放或对称靠放，长期靠放时必须加安全塑料带捆绑或钢索固定，支架应有足够的刚度，并支垫稳固。墙板直立存放时必须考虑上下左右不得摇晃，且须考虑地震时是否稳固。预制外挂墙板外饰面朝内，墙板搁支尽量避免与刚性支架直接接触，以枕木或者软性垫片加以隔开避免碰坏墙板，并将墙板底部垫上枕木或者软性的垫片，如图 4.14 所示。

图 4.14　预制剪力墙堆放示意

（二）预制梁、柱堆放

预制梁、柱等细长构件宜水平堆放，预埋吊装孔表面朝上，高度不宜超过 2 层，且不宜超过 2.0m。实心梁、柱须于两端 0.2～0.25L 间垫上枕木，底部支撑高度不小于 100mm，若为叠合梁，则须将枕木垫于实心处，不可让薄壁部位受力。如图 4.15 所示。

图 4.15　预制梁、柱构件堆放示意

（三）预制板类构件堆放

预制板类构件可采用叠放方式存放，其叠放高度应按构件强度、地面耐压力、垫木强度以及垛堆的稳定而确定，构件层与层之间应垫平、垫实，各层层支垫应上下对齐，最下面层支垫应通长设置，一般情况下，叠放层数不宜大于 5 层，吊环向上，标志向外，混凝土养护期未满的应继续洒水养护。

（四）预制楼梯或阳台堆放

楼梯或异形构件若需堆置两层时，必须考虑支撑稳固性，且高度不宜过高，必要时应设置堆置架以确保堆置安全。

第三节 构件安装

一、安装前准备

装配式混凝土结构的特点之一就是有大量的现场吊装工作，其施工精度要求高，吊装过程安全隐患较大。因此，在预制构件正式安装前必须做好完善的准备工作，如制订构件安装流程，预制构件、材料、预埋件、临时支撑等应按国家现行有关标准及设计验收合格，并按施工方案、工艺和操作规程的要求做好人、机、料的各项准备，方能确保优质、高效、安全地完成施工任务。

（一）技术准备

（1）预制构件安装施工前，应编制专项施工方案，并按设计要求对各工况进行施工验算和施工技术交底。

（2）安装施工前应对施工作业工人进行安全作业培训和安全技术交底。

（3）吊装前应合理规划吊装顺序，除满足墙（柱）、叠合板、叠合梁、楼梯、阳台等预制构件顺序外，还应结合施工现场情况，满足先外后内，先低后高原则。绘制吊装作业流程图，方便吊装机械行走，达到经济效益最大化。

（二）人员准备

构件安装是装配式结构施工的重要施工工艺，将影响整个建筑质量安全。因此，施工现场的安装应由施工管理人员和专业的产业化工人操作，包括司机、吊装工、信号工等。

1. 人员配备

（1）项目经理

预制混凝土施工的项目经理除了具备组织施工的基本管理能力外，应当熟悉预制混凝土施工工艺、质量标准和安全规程，有非常强的计划意识。

（2）计划调度

这个岗位强调计划性，按照计划与预制混凝土工厂衔接，对现场作业进行调度。

（3）质量控制与检查

对预制混凝土构件进场进行检查，对前道工序质量和可安装性进行检查。

（4）吊装指挥

吊装作业的指挥人员，需熟悉预制混凝土构件吊装工艺和质量要点等。有计划力，安全意识、质量意识、责任心强。对各种现场情况，有应对能力。

（5）技术总工

对预制混凝土施工技术各个环节熟悉，负责施工技术方案及措施的制订设计、技术培训和现场问题处理等。

（6）质量总监

对预制混凝土构件出厂的标准、预制混凝土施工材料检验标准和施工质量标准熟悉，负责编制质量方案和操作规程，组织各个环节的质量检查等。

2. 专业技术工人

与现浇混凝土建筑相比，预制混凝土施工现场作业工人减少，有些工种大幅度减少，如模具工、钢筋工、混凝土工等。预制混凝土作业增加了一些新工种，有些工种作业内容有所变化。对这些工种应当进行预制混凝土施工专业知识、操作规程、质量和安全培训，考试合格后方可上岗操作，主要包括以下几个工种。

（1）测量工

进行构件安装三维方向和角度的误差测量与控制。熟悉轴线控制与界面控制的测量定位方法，确保构件在允许误差内安装就位。

（2）塔式起重机驾驶员

装配式构件重量较重，安装精度要求较严格，如一个预制构件中存在多个甚至几十个套筒，在构件吊装就位过程中，对钢筋和套筒的对准要求较高，因而装配式工程的起重机驾驶员比一般工地的起重机驾驶员要具备更精准的吊装能力与经验。

（3）信号工

信号工也称为吊装指令工，向塔式起重机驾驶员传递吊装信号。信号工应熟悉预制混凝土构件的安装流程和质量要求，全程指挥构件的起吊、降落、就位、脱钩等。该工种是预制混凝土安装保证质量、效率和安全的关键工种，技术水平、质量意识、安全意识和责任心都应当强。

（4）起重工

负责吊具准备、起吊作业时挂钩、脱钩等作业，须了解各种构件名称及安装部位，熟悉构件起吊的具体操作方法和规程、安全操作规程、吊索吊具的应用等，富有现场作业经验。

（5）安装工

安装工负责构件就位、调节标高支垫、安装节点固定等作业。熟悉不同构件安装节点的固定要求，特别是固定节点、活动节点固定的区别。熟悉图样和安装技术要求。

（6）临时支护工

负责构件安装后的支撑、施工临时设施安装等作业。熟悉图样及构件规格、型号和构件支护的技术要求。

（7）灌浆料制备工

灌浆料制备工负责灌浆料的搅拌制备，熟悉灌浆料的性能要求及搅拌设备的机械性能，严格执行灌浆料的配合比及操作规程，经过灌浆料厂家培训及考试后持证上岗，质量意识高，责任心强。

（8）灌浆工

灌浆工负责灌浆作业，熟悉灌浆料的性能要求及灌浆设备的机械性能，严格执行灌浆料操作流程及规程，经过灌浆料厂家培训及考试后持证上岗，质量意识高，责任心强。

3. 人员培训及管理

装配式混凝土结构施工前，施工单位应对管理人员及安装人员进行专项培训和相关交底。

施工现场必须选派具有丰富吊装经验的信号指挥人员、挂钩人员，作业人员施工前必须检查身体，对患有不宜高空作业疾病的人员不得安排高空作业。特种作业人员必须经过专门的安全培训，经考核合格，持特种作业操作资格证书上岗。特种作业人员应按规定进行体检和复审。

起重吊装作业前，应根据施工组织设计要求划定危险作业区域，在主要施工部位、作业点、危险区、都必须设置醒目的警示标志，设专人加强安全警戒，防止无关人员进入。还应视现场作业环境专门设置监护人员，防止高处作业或交叉作业时发生落物伤人事故。

（三）现场条件准备

（1）检查构件套筒或浆锚孔是否堵塞。当套筒、预留孔内有杂物时，应当及时清理干净。用手电筒补光检查，发现异物用气体或钢筋将异物消掉。

（2）将连接部位浮灰清扫干净。

（3）对于柱子、剪力墙板等竖直构件，安好调整标高的支垫（在预埋螺母中旋入螺栓或在设计位置安放金属垫块），准备好斜支撑部件，检查斜支撑地销。

（4）对于叠合楼板、梁、阳台板、挑檐板等水平构件，架立好竖向支撑。

（5）伸出钢筋采用机械套筒连接时，须在吊装前在伸出钢筋端部套上套筒。

（6）准备外挂墙板安装节点连接部件，如果需要水平牵引，设置牵引葫芦吊点、准备工具等。

（7）检验预制构件质量和性能是否符合现行国家规范要求。未经检验或不合格的产品不得使用。

（8）所有构件吊装前应做好截面控制线，方便吊装过程中调整和检验，有利于质量控制。

（9）安装前，复核测量放线及安装定位标识。

（四）机具及材料准备

（1）阅读起重机械吊装参数（吊装名称、数量、单件质量、安装高度等）及相关说明，并检查起重机械性能，以免吊装过程中出现无法吊装或机械损坏停止吊装等现象，杜绝重大安全隐患。

（2）安装前应对起重机械设备进行试车检验并调试合格，宜选择具有代表性的构件或单元试安装，并应根据试安装结构及时调整完善施工方案和施工工艺。

（3）应根据预制构件形状、尺寸及重量要求选择适宜的吊具，在吊装过程中，吊索水平夹角不宜小于60°，不应小于45°；尺寸较大或形状复杂的预制构件应选择设置分配梁或分配桁架的吊具，并应保证吊车主钩位置、吊具及构件重心在竖直方向重合。

（4）准备牵引绳等辅助工具、材料，并确保其完好性，特别是绳索是否有破损，吊钩卡环是否有问题等。

（5）准备好灌浆料、灌浆设备、工具，调试灌浆泵。

二、预制墙板安装

（一）施工流程

基础清理及定位放线→封浆条及垫片安装→预制墙板吊运→预留钢筋插入就位→墙板调整校正→墙板临时固定→砂浆塞缝→预制墙板吊装固定→连接节点钢筋绑扎→套筒灌浆→连接节点封模→连接节点混凝土浇筑→接缝防水施工。

视频：预制
墙板安装

（二）预制墙板安装要求

（1）预制墙板安装应设置临时斜撑，每件预制墙板安装过程中的临时斜撑应不少于2道，临时斜撑宜设置调节装置，支撑点位置距离底板不宜大于板高的2/3，且不应小于板高的 1/2，斜支撑的预埋件安装、定位应准确。

（2）预制墙板安装时应设置底部限位装置，每件预制墙板底部限位装置不少于 2 个，间距不宜大于 4m。

（3）临时固定措施的拆除应在预制构件与结构可靠连接且装配式混凝土结构能达到后续施工要求后进行。

（4）预制墙板安装过程应符合下列规定。

① 构件底部应设置可调整接缝间隙和底部标高的垫块。

② 钢筋套筒灌浆连接、钢筋锚固搭接连接前应对接缝周围进行封堵。

③ 墙板底部采用坐浆时，其厚度不宜大于 20mm。

④ 墙板底部应分区灌浆，分区长度 1~1.5m。

（5）预制墙板校核与调整应符合下列规定。

① 预制墙板安装垂直度应以满足外墙板面垂直为主。

② 预制墙板拼缝校核与调整应以竖缝为主、横缝为辅。

③ 预制墙板阳角位置相邻的平整度校核与调整，应以阳角垂直度为基准。

（三）主要安装工艺

1. 定位放线

在楼板上根据图纸及定位轴线放出预制墙体定位边线及墙体厚度的控制线，同时在预制墙体吊装前，在预制墙体上放出墙体水平控制线，便于在预制墙体安装过程中精确定位，如图 4.16 所示。

图 4.16　楼板及墙体控制线示意

2. 调整偏位钢筋

预制墙体吊装前，为了便于预制构件快速安装，应使用定位框检查竖向连接钢筋是否偏位，针对偏位钢筋用钢筋套管进行校正，便于后续预制墙体精确安装。

3. 预制墙板吊装就位

预制墙板吊装时，为了保证墙体构件整体受力均匀，采用专用吊梁。专用吊梁由 H 型钢焊接而成，根据各预制构件吊装时不同尺寸、不同的起吊点位置，设置模数化吊点，确保预制构件在吊装时吊装钢丝绳保持竖直。专用吊梁下方设置专用吊钩，用于悬挂吊索，进行不同类型预制墙体的吊装。预制墙体专用吊梁、吊钩见图 4.17。

预制墙体吊装过程中，应在距楼板面 1000mm 处减缓下落速度，由操作人员引导墙体降落，同时操作人员观察连接钢筋是否对孔，直至钢筋与套筒全部连接就位。

图 4.17　预制墙板专用吊梁、吊钩

4. 安装斜向支撑及底部限位装置

预制墙体吊装就位后，先安装斜向支撑，斜向支撑主要用于固定调节预制墙体，确保预制墙体安装的垂直度（见图 4.18）；再安装预制墙体底部限位装置，用于加固墙体与主体结构的连接，确保后续灌浆与墙、柱交界处混凝土浇筑时不产生滑动。墙体通过靠尺校核其垂直度，如有偏位，可通过调节斜向支撑，确保构件的水平位置及垂直度均在允许误差 5mm 之内，相邻墙板构件平整度在允许误差 ±5mm 之内，在施工过程中要同时检查外墙面上下层的对齐情况，允许误差以不超过 ±3mm 为准，如果超过允许误差，要以外墙面上下层错开 3mm 为准。重新进行墙板的水平位置及垂直度调整，最后固定斜向支撑及限位装置。

图 4.18　垂直度校正及支撑安装

三、预制柱安装

视频：预制
柱安装

（一）施工流程

标高找平→竖向预留钢筋校正→预制柱吊装→柱安装及校正→灌浆施工。

（二）预制柱安装要求

（1）预制柱安装前应校核轴线、标高以及连接钢筋的数量、规格和位置。

（2）预制柱安装就位后，在两个方向应采用可调斜撑作为临时固定，并进行垂直度调整，同时在柱子四角缝隙处加塞垫片。

（3）预制柱的临时支撑，应在套筒连接器内的灌浆料强度达到设计要求后拆除，当设计无特殊要求时，混凝土或灌浆料达到设计强度的75％以上方可拆除。

（三）主要安装工艺

1. 标高找平

预制柱安装施工前，通过激光扫平仪和钢尺检查楼板面平整度，用铁制垫片使楼层平整度控制在允许偏差范围内。

2. 竖向预留钢筋校正

根据所弹出的柱线，采用钢筋限位框，对预留插筋进行位置复核，对有弯折的预留插筋应用钢筋校正器进行校正，以确保预制柱连接的质量。

3. 预制柱吊装

预制柱吊装采用慢起、快升、缓放的操作方式。塔式起重机缓缓持力，将预制柱吊离存放架，然后快速运至预制柱安装施工层。在预制柱就位前，应清理柱安装部位基层，然后将预制柱缓缓吊运至安装部位的正上方。

4. 预制柱的安装及校正

塔式起重机将预制柱下落至设计安装位置，预制柱的竖向预留钢筋与预制柱底部的套筒全部连接，吊装就位后，立即加设不少于2根的斜支撑对预制柱进行临时固定，斜支撑与楼面的水平夹角不应小于60°。根据已弹好的预制柱的安装控制线和标高线，用2m长靠尺、吊线锤检查预制柱的垂直度，并通过可调斜支撑微调预制柱的垂直度，预制柱安装施工时应边安装边校正，如图4.19所示。

图4.19 使用斜撑调整预制柱垂直度

5. 灌浆施工

灌浆作业应按产品要求计量灌浆料和水的用量并搅拌均匀，搅拌时间从开始加水到搅拌结束不应少于 5min，然后静置 2～3min；每次拌制的灌浆料拌合物应进行流动度的检测，保证其流动度应符合设计要求，搅拌后的灌浆料应在 30min 内使用完毕。

四、预制梁安装

视频：预制
梁安装

（一）施工流程

按施工图纸放线→设置梁底支撑→预制梁起吊→梁就位微调→接头连接。

（二）预制梁安装要求

（1）梁吊装顺序应遵循先主梁后次梁，先低后高的原则。

（2）预制梁安装就位后应对水平度、安装位置、标高进行检查。根据控制线对梁端和两侧进行精密调整，误差控制在 ±2mm 以内。

（3）预制梁安装时，主梁和次梁伸入支座的长度与搁置长度应符合设计要求。

（4）预制次梁与预制主梁之间的凹槽应在预制楼板安装完成后，采用不低于预制梁混凝土强度等级的材料进行填实。

（5）预制梁吊装前应在柱核心区内先安装一道柱箍筋，梁就位后再安装两道柱箍筋，之后再进行梁、墙吊装。

（6）预制梁吊装前应将所有梁底标高进行统计，如有交叉部分梁吊装方案应根据先低后高的原则进行施工。

（三）主要安装工艺

1. 定位放线

用水平仪测量并修正柱顶与梁底标高，确保标高一致，然后在柱上弹出梁边控制线。预制梁安装前应复核柱钢筋与梁钢筋位置、尺寸。梁柱核心区箍筋安装应按设计文件要求进行。

2. 支撑架搭设

梁底支撑采用"钢立杆支撑＋可调顶托"。可调顶托上铺设长宽为 100mm×100mm 的方木，预制梁的标高通过支撑体系的顶丝来调节。临时支撑位置应符合设计要求；设计无要求时，长度小于或等于 4m 时应设置不少于 2 道垂直支撑，长度大于 4m 时应设置不少于 3 道垂直支撑。梁底支撑标高调整宜高出梁底结构标高 2mm，应保证支撑充分受力并撑紧支撑架后方可松开吊钩。叠合梁应根据构件类型、跨度来确定后浇混凝土支撑件的拆除时间，强度达到设计要求后方可承受全部设计荷载。

3. 预制梁吊装

预制梁一般用两点吊，预制梁两个吊点分别位于梁顶两侧距离两端 0.2L（L 为梁长）位置，由生产构件厂家预留，现场吊装工具采用专用吊梁，吊住预制梁两个吊点逐步移向拟定位置，工人通过预制梁顶绳索辅助梁就位。当预制梁初步就位后，两侧借助柱上的梁定位线将梁精确校正。梁的标高通过支撑体系的顶丝来调节，同时需将下部可调支撑上紧，这时方可松去吊钩。

4. 接头连接

接头处，混凝土浇筑前应将预制梁两端槽内的杂物清理干净，并提前 24h 浇水湿润。预制梁两端槽内锚固钢筋绑扎时，应确保钢筋位置的准确。预制梁水平钢筋连接方式一般可选择机械连接、钢套筒灌浆连接或焊接连接。

五、预制楼板安装

视频：预制楼板安装

（一）施工流程

放线→搭设板底独立支撑→预制板吊装→预制板就位→预制板校正定位。

（二）预制楼板安装应符合下列要求

（1）预制楼板安装前应编制支撑方案，支撑架体宜采用可调工具式支撑系统，首层支撑架体的地基必须坚实，架体必须满足强度、刚度和稳定性的要求。

（2）板底支撑间距不应大于 2m，支撑之间高差不应大于 2mm，标高偏差不应大于 3mm，悬挑板外端比内端支撑宜调高 2mm。

（3）预制楼板安装前，应复核预制板构件端部和侧边的控制线是否满足要求。

（4）预制楼板安装应通过微调垂直支撑来控制水平标高。

（5）预制楼板安装时，应保证水电预埋管（孔）位置准确。

（6）预制楼板起吊至梁、墙上方 30～50cm 后，应适时调整板位置，保证板锚固筋与梁箍筋错开，并根据梁、墙放出的板边和板端控制线准确就位，偏差不得大于 2mm。

（7）预制叠合板吊装顺序依次铺开，不宜间隔吊装。在梁板交接处混凝土浇筑前，应校正预制构件的外露钢筋，外伸预留钢筋伸入支座时不得弯折。

（8）相邻叠合楼板间拼缝及预制楼板与预制墙板位置拼缝应符合设计要求，并有防止裂缝的措施，拼接位置应避开施工集中荷载或受力较大部位。

（三）主要安装工艺

1. 定位放线

预制墙体安装完成后，根据预制叠合板板宽放出独立支撑定位线，并安装独立支撑，同时根据叠合板分布图及轴网，利用经纬仪在预制墙体上放出板位置定位线，板缝定位线允许误差 10mm。

2. 板底支撑架搭设

支撑系统的间距及距离墙、柱、梁边的净距符合系统验算要求，上下层支撑应在同一直线上。支撑立杆下方应铺 50mm 厚木板，在可调节顶撑上架设方木，调节方木顶面至板底设计标高，开始吊装预制楼板。

3. 预制楼板吊装就位

为了避免预制楼板吊装时，因受集中应力而造成叠合板开裂，预制楼板吊装宜采用专用吊架（见图 4.20）。预制叠合板吊装过程中，在作业层上空 500mm 处减缓降落，由操作人员根据板缝定位线，引导楼板降落至独立支撑上。同时检查板底与预制叠合梁或剪力墙的接缝是否到位、预制楼板钢筋伸入墙长度是否符合要求。

4. 预制板校正

根据预制墙体水平控制线及竖向板缝定位线，校核叠合板水平位置及竖向标高情况，通过调节竖向独立支撑，确保叠合板满足设计标高要求；通过撬棍调节叠合板水平位移，确保满足设计图纸水平分布要求，如图 4.21 所示。

图 4.20　预制楼板吊装示意

图 4.21　预制板调整定位

六、预制外挂墙板安装

视频：预制外挂墙板安装

（一）施工流程

预制外挂板起吊及安装→安装临时承重铁件及斜撑调整预制外挂板位置、标高、垂直度→安装永久连接件→吊钩解钩。

（二）预制外挂墙板安装要求

（1）构件起吊时，先将预制外挂板吊起距离地面300mm的位置后停稳30s，相关人员要确认构件是否水平。另外，同时确认吊具连接是否牢靠，钢丝绳有无交错等，确认无误后，可以起吊，所有人员远离构件3m以上。

（2）构件吊至预定位置附近后，缓缓下放，在距离作业层上方500mm处停止下落。吊装人员手扶预制外挂墙板，配合

图 4.22　预制外挂板安装示意

起吊设备将构件水平移动至构件吊装位置，就位后缓慢下放，吊装人员通过地面上的控制线，将构件尽量控制在边线上。安装示意图见图4.22。

（3）墙板就位后，需要测量确认，并校核高度、位置和倾斜。如需调整按"先高度再位置后倾斜"顺序进行调整。

（三）主要安装工艺

1. 安装临时承重件

预制外挂板吊装就位后，在调整好位置和垂直度前，需要通过临时承重铁件进行临时支撑。

2. 安装永久连接件

预制外挂墙板通过预埋铁件的焊接及螺栓连接与下层结构相互。

七、预制楼梯安装

视频：预制
楼梯安装

（一）施工流程

放线→垫片及坐浆料施工→预制楼梯吊装→预制楼梯校正→预制楼梯固定。

（二）预制楼梯安装要求

（1）预制楼梯安装前应复核楼梯的控制线及标高，并做好标记。

（2）预制楼梯支撑应有足够的强度、承载力和刚度。

（3）预制楼梯吊装应保证上下高差相符，顶面和底面平行。

（4）确保预制楼梯安装位置准确，当采用预留锚固钢筋方式安装时，应先放置预制楼梯，再与现浇梁或板浇筑连接成整体，并保证预埋钢筋锚固长度和定位符合设计要求。当预制楼梯与现浇梁或板之间采用预埋件焊接或螺栓连接方式时，应先施工现浇梁或板再搁置预制楼梯进行焊接或螺栓孔灌浆连接。

（三）主要安装工艺

1. 放线定位

楼梯间周边梁板叠合层混凝土浇筑完成后，测量并弹出相应楼梯构件端部和侧边的控制线。

2. 预制楼梯吊装

预制楼梯一般采用四点起吊（见图4.23），配合倒链下落就位并调整索具铁链长度，保

图4.23 预制楼梯吊装示意

证楼梯段休息平台处于水平位置，试吊预制楼梯板，检查吊点位置是否准确，吊索受力是否均匀等，试吊高度不应超过1m。预制楼梯起吊至梁上方300～500mm后，调整预制楼梯位置使上下平台锚固筋与梁箍筋错开，板边线基本与控制线吻合。根据已放出的楼梯控制线，将构件精确就位，再使用水平尺和倒链调节楼梯水平。

八、双 T 板（T 板）安装

（一）施工流程

构件进场→准备垫块、垫木→技术交底→划线→检查索具、绳索、撬杠、电焊机等→吊装→校正→焊接固定。

（二）双 T 板安装要求

（1）每次吊装前一定要认真检查机械技术状况、吊装绳索的安全完好程度，详细检查构件的几何尺寸和质量，双 T 板端部埋件与框架梁埋件焊接时达到焊缝厚度应大于或等于6mm，连接处三面满焊。

（2）双 T 板起吊应平稳，双 T 板刚离地面时要注意双 T 板摆动，防止碰挤伤人，离地面20～30cm时，以急刹车来检验吊车的轻重性能和吊索的可靠性，吊臂下不得站人。

（3）双 T 板就位后，吊钩应稍稍松懈后刹车，看双 T 板是否稳定，如无异常，则可进行下页双 T 板施工。

（三）主要安装工艺

（1）吊装前先将吊车就位，吊车从施工入口进入楼内。

（2）吊装时双 T 板两端捆绑溜绳，以控制双 T 板在空中的位置，就位时，双 T 板的轴线对准双 T 板面上的中心线，缓缓落下，并以框架梁侧面标高控制线校正双 T 板标高。

（3）双 T 板校正包括：平面位置和垂直度校正。双 T 板底部轴线与框架梁中心对准后，用尺检测框架梁侧面轴线与双 T 板顶面上的标准轴线间距。

（4）双 T 板校正后将双 T 板上部连接与埋件点焊，再用钢尺复核一下跨距，方可脱钩，并按设计要求将各连接件按设计要求焊好。

九、其他预制构件安装

（一）预制阳台板安装要求

（1）预制阳台板安装前，测量人员根据阳台板宽度，放出竖向独立支撑定位线，并安装独立支撑，同时在预制叠合板上，放出阳台板控制线。

（2）当预制阳台板吊装至作业面上空500mm时，减缓降落，由专业操作工人稳住预制阳台板，根据叠合板上控制线，引导预制阳台板降落至独立支撑上，根据预制墙体上水平控制线及预制叠合板上控制线，校核预制阳台板水平位置及竖向标高情况，通过调节竖向独立支撑，确保预制阳台板满足设计标高要求；通过撬棍调节预制阳台板水平位移，确保预制阳台板满足设计图纸水平分布要求。

（3）预制阳台板就位完成后，将阳台板钢筋与叠合板钢筋可靠连接，预制构件固定完成后，方可摘除吊钩。

（4）同一构件上吊点高低有不同的，低处吊点采用倒链进行拉接，起吊后调平，落位时采用倒链紧密调整标高。

（二）预制空调板安装要求

（1）预制空调板吊装时，板底应采用临时支撑措施。

（2）预制空调板与现浇结构连接时，预留锚固钢筋应伸入现浇结构部分，并应与现浇结构连成整体。

（3）预制空调板采用插入式吊装方式时，连接位置应设预埋连件，并应与预制外挂板的预埋连件连接，空调板与外挂板交接的四周防水槽口应嵌填防水密封胶。

第四节　构件连接技术

装配式建筑是将工厂加工的预制构件运至现场进行机械安装，因此，预制构件的连接技术是影响装配式建筑质量的重要一环。

一、基本要求

（1）预制构件节点的钢筋连接应满足现行行业标准《钢筋机械连接技术规程》（JGJ 107）中Ⅰ级接头的性能要求，并应符合国家行业有关标准的规定。

（2）对连接件、焊缝、螺栓或铆钉等紧固件在不同设计状况下的承载力进行验算，并应符合现行国家标准《钢结构设计规范》（GB 50017）和《钢结构焊接规范》（GB 50661）等的规定。

（3）预制楼梯与支承构件之间宜采用简支连接，并应符合下列规定：预制楼梯宜一端设置固定铰，另一端设置滑动铰，其转动及滑动变形能力应满足结构层间位移的要求。预制楼梯设置滑动铰的端部应采取防止滑落的构造措施。

二、预制构件连接的种类

预制构件的连接种类主要有套筒灌浆连接、直螺纹套筒连接、钢筋浆锚连接、牛担板连接以及螺栓连接等。

三、套筒灌浆连接

套筒灌浆连接技术是通过灌浆料的传力作用将钢筋与套筒连接形成整体，套筒灌浆连接分为全灌浆套筒连接和半灌浆套筒连接见图4.24，套筒设计符合现行行业标准《钢筋连接用灌浆套筒》（JG/T 398）的要求，接头性

视频：套筒
灌浆连接

能达到《钢筋机械连接技术规程程》（JGJ 107）规定的Ⅰ级。钢筋套筒灌浆料应符合行业标准《钢筋连接用套筒灌浆料》（JG/T 408）的规定。

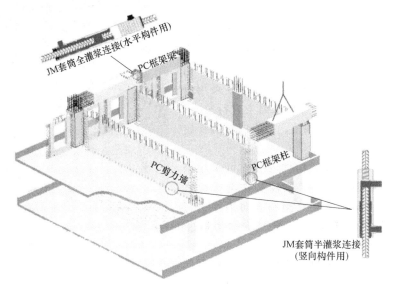

图 4.24　全、半灌浆套筒示意

（一）半灌浆套筒连接技术

半灌浆套筒接头一端采用灌浆方式连接，另一端采用非灌浆方式连接（通常采用螺纹连接）。

半灌浆套筒可连接 HRB335 和 HRB400 带肋钢筋，连接钢筋直径范围为 12～40mm，机械连接段的钢筋丝头加工、连接安装、质量检查应符合现行行业标准《钢筋机连接技术规程》（JGJ 107—2016）的有关规定。

半灌浆连接的优点如下：

（1）外径小，对剪力墙、柱都适用；

（2）与全灌浆套筒相比，半灌浆套筒长度能显著缩短（约 1/3），现场灌浆工作量减半，灌浆高度降低，能降低对构件接缝处密封的难度；

（3）工厂预制时钢套筒与钢筋的安装固定也比全灌浆套筒相对容易；

（4）半灌浆套筒适用于竖向构件连接。

（二）全灌浆套筒连接技术

全灌浆连接是两端均采用灌浆方式连接钢筋的灌浆套筒（图 4.25）。全灌浆连接接头性能应达到《钢筋机械连接技术规程》（JGJ 107）规定等级。目前可连接 HRB335 和 HRB400 带肋钢筋，连接钢筋直径范围为 14～40mm。

全灌浆套筒与钢筋连接时，钢筋应逐根插入套筒，插入深度应满足设计规范要求，钢筋与全灌浆套筒通过橡胶塞进行临时固定，避免混凝土浇筑、振捣时套筒和连接钢筋移位，同时应采取防止混凝土向灌浆套筒内漏浆的封堵措施，全灌浆套筒可用于竖向构件（剪力墙、框架柱）及水平构件（梁）连接。

（三）灌浆施工工艺

（1）预制竖向承重构件采用全灌浆或半灌浆套筒连接方式的，所采取的灌浆工艺可分为分仓灌浆法和坐浆灌浆法，主要工艺如下。

工艺流程：构件接触面凿毛→分仓/坐浆→安装钢垫片→灌浆作业。

① 预制构件接触面现浇层应进行凿毛或拉毛处理，其粗糙面不应小于 4mm，预制构件自身接触粗糙面应控制在 6mm 左右。

② 分仓法：竖向预制构件安装前宜采用分仓法灌浆，应采用浆料或封浆海绵条进行分仓，分仓长度不应大于规定的限值，分仓时应确保密闭空腔，不应漏浆。

③ 坐浆法：竖向预制构件安装前可采用坐浆法灌浆，坐浆法是采用浆料将构件与楼板之间的缝隙填充密实，然后对预制竖向构件进行逐一灌浆，浆料强度应大于预制墙体混凝土强度。

图 4.25 全灌浆套筒

④ 安装钢垫片：预制竖向构件与楼板之间通过钢垫片调节预制构件竖向标高，钢垫片一般选择 50mm×50mm，厚度为 2mm、3mm、5mm、10mm，用于调节构件标高。

⑤ 灌浆作业：灌浆料从下排孔开始灌浆，待灌浆料从上排孔流出时，封堵上排流浆孔，直至封堵最后一个灌浆孔后，持压 30s，确保灌浆质量。

（2）预制梁采用全灌浆套筒连接方式，灌浆作业应采用压降法。

工艺流程：临时支撑及放线→检查定位→调节套筒灌浆作业。

① 安装前，应测量并修正柱顶和临时支撑标高，确保与梁构件底标高一致，柱上应弹出梁边控制线；根据控制线对梁端、梁轴线进行精密调整，误差控制在 2mm 以内。

② 对水平度、安装位置、标高进行检查，且安装时构件伸入支座的长度与搁置长度应符合设计要求。

③ 调节套筒，先将灌浆套筒全部套在一侧构件的钢筋上，将另一侧构件吊装到位后，移动套筒位置，使另一侧钢筋插入套筒，保证两侧钢筋插入长度达到设计值。

④ 从套筒灌浆孔注浆，当出浆孔开始向外溢出灌浆料时，应停止灌浆，立即塞入橡胶塞进行封堵。

（3）灌浆料的使用应符合以下规定。套筒灌浆前应确保底部坐浆料达到设计强度，避免套筒压力注浆时出现漏浆现象，然后拌制专用灌浆料，浆料初始流动度需大于等于 300mm，30min 流动度需大于等于 260mm，同时，每个班组施工时留置 1 组试件，每组试件包括 3 个试块，分别用 1d、3d、28d 抗压强度试验，试块规格为 40mm×40mm×160mm，浆料 3h 竖向膨胀率大于等于 0.02％，灌浆料检测完成后，开始灌浆施工，套筒灌浆时，灌浆料使用温度不宜低于 5℃，不宜高于 30℃。

四、直螺纹套筒连接

直螺纹套筒连接工艺原理是将钢筋待连接部分剥肋后滚压成螺纹，利用螺纹（套筒连接，种类主要有冷镦粗直螺纹、热镦粗直螺纹、直接滚压直螺纹、挤张）连接套筒进行连接，使钢筋丝头与连接套筒连接为一体，从而实现等强度钢筋连接。

(一) 材料与机械设备

1. 材料准备

（1）钢套筒应具有出厂合格证。套筒的力学性能必须符合规定。表面不得有裂纹、折叠等缺陷。套筒在运输、储存中，应按不同规格分别堆放，不得露天堆放，防止锈蚀和玷污。

（2）钢筋必须符合国家标准设计要求，应有产品合格证、出厂检验报告和进场复验报告。

2. 施工机具

直螺纹套筒加工的工具包括钢筋直螺纹剥肋滚丝机、牙型规（见图4.26）、卡规。其中钢筋直螺纹剥肋滚丝机用于钢筋撤丝，牙型规用于检查钢筋撤丝是否符合要求，卡规用于检查钢筋撤丝外径是否符合要求。

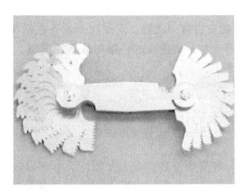

图4.26 钢筋直螺纹剥肋滚丝机、牙型规

(二) 施工工艺流程

直螺纹套筒连接主要工艺流程如下。

钢筋端面平头→剥肋滚压螺纹→丝头质量自检→戴帽保护→丝头质量抽检→存放待用→用套筒对接钢筋→用扳手拧紧定位→检查质量验收。

(三) 施工要求

（1）钢筋先调直再下料，切口端面与钢筋轴线垂直，不得有马蹄形或挠曲，不得用气割下料。

（2）钢筋下料及螺纹加工时需符合下列规定。

① 设置在同一个构件内的同一截面受力钢筋的位置应相互错开。在同一截面接头百分率不应超过50%。

② 钢筋接头端部距钢筋受弯点长度不得小于钢筋直径的10倍。

③ 钢筋连接套筒的混凝土保护层厚度应满足现行国家标准《混凝土结构设计规范》（GB 50010—2010）中的相应规定且不得小于15mm，连接套筒之间的横向净距不宜小于25mm。

④ 按照钢筋规格所需要的调试棒调整好滚丝头内控最小尺寸。

⑤ 按照钢筋规格更换涨刀环，并按规定的丝头加工尺寸调整好剥肋加工尺寸。

⑥ 调整剥肋挡块及滚轧行程开关位置，保证剥肋及滚轧螺纹长度符合丝头加工尺寸的规定。

⑦ 丝头加工时应用水性润滑液，不得使用油性润滑液。当气温低于0℃时，应掺入

15%～20%亚硝酸钠。严禁使用机油做切割液或不加切割液加工丝头。

⑧ 钢筋丝头加工完毕经检验合格后,应立即戴上丝头保护帽或拧上连接套筒,防止装卸钢筋时损坏丝头。

(3) 钢筋连接。

① 连接钢筋时,钢筋规格和连接套筒规格应一致,并确保钢筋和连接套的丝扣干净完好无损。

② 连接钢筋时应对准轴线将钢筋拧入连接套中。

③ 连接钢筋时应对正轴线将钢筋拧入连接套中,然后用力矩扳手拧紧。接头拧紧值应满足规定的力矩值,不得超拧,拧紧后的接头应做上标记,防止钢筋接头漏拧。

④ 连接水平钢筋时必须依次连接,从一头往另一头,不得从两边往中间连接,连接时一定两人面对站立,一人用扳手卡住已连接好的钢筋,另一人用力矩扳手拧紧待连接钢筋,按规定的力矩值进行连接,这样可避免弄坏已连接好的钢筋接头。

⑤ 接头拼接完成后,应使两个丝头在套筒中央位置相互顶紧,套筒的两端不得有完整丝扣外露,加长型接头的外露扣数不受限制,但有明显标记,以检查进入套筒的丝头长度是否满足要求。

五、浆锚搭接连接

是一种安全可靠、施工方便、成本相对较低的可保证钢筋之间力的传递的有效连接方式。浆锚连接在预制柱内插入预埋专用螺旋棒,在混凝土初凝之后旋转取出,形成预留孔道,下部钢筋插入预留孔道,在孔道外侧钢筋连接范围外侧设置附加螺旋箍筋,下部预留钢筋插入预留孔道,然后在孔道内注入微膨胀高强灌浆料。纵向钢筋采用浆锚搭接连接时,对预留孔成孔工艺、孔道形状和长度、构造要求、灌浆料和被连接的钢筋,应进行力学性能以及适用性的试验验证。直径大于 20mm 的钢筋不宜采用浆锚搭接连接,直接承受动力荷载构件的纵向钢筋不应采用浆锚搭接连接。

(一) 材料要求

钢筋浆锚连接用灌浆料所需性能,可参照现行行业标准《装配式混凝土结构技术规程》(JGJ 1) 的要求执行。

(二) 浆锚灌浆连接施工工艺

(1) 此连接方式在预制剪力墙体系中预制剪力墙的连接使用较多,预制框架体系中预制立柱的连接一般不宜采用。约束浆锚搭接连接的主要工艺是预埋螺旋,在混凝土初凝后取出来,须将取出时间、操作规程掌握得非常好。比较理想的做法是预埋棒刷缓凝剂,成型后冲洗预留孔,但应注意孔壁冲洗后是否满足约束浆锚连接的相关要求。

(2) 注浆时可在一个预留孔上插入连通管,可以防止由于孔壁吸水导致灌浆料的体积收缩,连通管内灌浆料回灌,保持注浆部位充满。

六、挤压套筒连接

挤压套筒连接方式是通过施加压力使连接件钢套筒塑性变形,并与带肋钢筋表面紧密咬合，从而将两根带肋钢筋连接在一起，如图 4.27 所示。

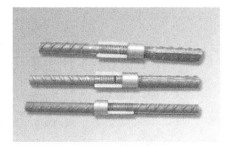

图 4.27　挤压套筒

（一）连接特点

优点：挤压套筒连接属于干式连接，去掉技术间歇时间从而压缩安装工期，质量验收直观接头成本低。连接时无明火作业，施工方便，工人简单培训即可上岗。凡是带肋钢筋即可连接，无需对钢筋进行特别加工，对钢筋材质无要求。接头性能达到机械接头的最高级，可以用于连接任何部位接头连接，包括钢筋不能旋转的结构部位。挤压套筒相比绑扎搭接节约钢材，且连接速度较快。

缺点：对钢套筒材料性能要求高，挤压设备较重，工人劳动强度高。钢筋特别密集和挤压钳无法就位的节点难以使用。连接不同直径钢筋的变径套筒成本高。

（二）施工工艺

1. 施工工序

钢套筒、钢筋挤压部位检查、清理、矫正→钢筋端头压接标志→钢筋插入钢套筒→挤压→检查验收。

2. 施工要点

钢筋应按标记要求插入钢套筒内，确保接头长度，以防压空。被连接钢筋的轴心与钢套筒轴心应保持同一轴线，防止偏心和弯折。在压接接头处挂好平衡器与压钳，接好进、回油油管，起动超高压泵，调节好压接所需的油压力，然后将下压模卡板打开，取出下模，把挤压机机架的开口插入被挤压带肋钢筋的连接套中，插回下模，锁死卡板，压钳在平衡器的平衡力作用下，对准钢套筒所需压接的标记处，控制挤压机换向阀进行挤压。压接结束后将紧锁的卡板打开，取出下模，退出挤压机，完成挤压施工。

七、牛担板连接

牛担板的连接方式是采用整片钢板为主要连接件，通过栓钉与混凝土的连接构造来传递剪力，常用于预制次梁与预制主梁的连接。

（一）设计要点

牛担板宜选用 Q235B 钢；次梁端部应伸出牛担板且伸出长度不小于 30mm；牛担板在次梁内置长度不小于 100mm，在次梁内的埋置部分两侧应对称布置抗剪栓钉，栓钉直径及数量应根据计算确定；牛担板厚度不应小于栓钉直径的 3/5；次梁端部 1～5 倍梁高范围内，箍筋间距不应大于 100mm。预制主梁与牛担板连接处应企口，企口下方应设置预埋件，安装完成后，企口内应采用灌浆料填实。板企口接头的承载力验算应符合规范规定。牛担板连接构造及实物图见图 4.28、图 4.29。

（二）施工工序以及要点

1. 施工工序

牛担板埋入次梁→牛担板支撑件埋入主梁→梁吊装→节点灌浆。

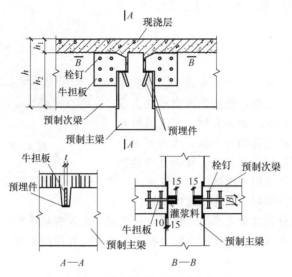

图 4.28 主次梁牛担板连接构造

图 4.29 牛担板

2. 施工要点

按图纸加工牛担板以及牛担板支撑件,在梁模具组装完后吊入梁钢筋笼,在次梁两端装入牛担板,在主梁的相应位置装入牛担板支撑件,浇筑混凝土、养护、脱模、运输到堆场,梁运输到施工现场并安装到相应位置,最后在主次梁的节点接缝内灌入灌浆料。

第五节 防水技术

建筑物的防水工程是建筑施工中非常重要的环节,防水效果的好坏直接影响建筑物的使用功能是否完善,相比于传统建筑,装配式建筑的防水理念发生了变化,形成了"导水优于堵水,排水优于防水"的设计理念。通过设立合理的排水路径,将可能突破外侧防水层的水流引导进入排水通道,将水排出室外。

装配式建筑屋面部分和地下结构部分多采用的是现浇混凝土结构,在防水施工中的具体操作方法可参照现浇混凝土建筑的防水方法。装配式混凝土建筑的防水重点是预制构件间的防水处理,主要包括外挂板的防水和防水密封材料的选用。

一、外挂板防水施工

采用外挂板时，可以分为封闭式防水和开放式防水两种。

封闭式防水最外侧为耐候密封胶，中间部分为减压空仓和高低缝构造，内侧为互相压紧的止水带。在墙面之间的"十"字接头处的止水带之外宜增加一道聚氨酯防水，其主要作用是利用聚氨酯良好的弹性封堵橡胶止水带相互错动可能产生的细微缝隙，对于防水要求特别高的房间或建筑，可以在橡胶止水带内侧全面实施聚氨酯防水，以增强防水的可靠性。每隔三层左右的距离设一处排水管，可有效地将渗入减压空间的水引导到室外。

开放式防水的内侧和中间结构与封闭式防水基本相同，只是最外侧防水不使用密封胶，而是采用一端预埋在墙板内，另一端伸出墙板外的幕帘状橡胶条，橡胶条互相搭接起到防水作用，防水构造外侧间隔一定距离设置不锈钢导气槽，同时起到平衡内外气压和排水的作用。外挂板现场进行吊装前，应检查止水条的牢固性和完整性，吊装过程中应保护防水空腔、止水条、橡胶条与水平接缝等部位。防水密封胶封堵前，应将板缝及空腔清理干净，并保持干燥。密封胶应在外墙板校核固定后嵌填，注胶宽度和厚度应满足设计要求，密封胶应均匀顺直、饱满密实、表面平滑连续。"十"字接缝处密封胶封堵时应连续完成。

二、防水密封材料

防水密封材料是装配式混凝土建筑外墙防水工程质量的重要影响因素，其性能优劣直接影响装配式混凝土建筑的推广和普及。根据预制混凝土板的应用部位特点，选用密封胶时应关注的性能包括以下几点。

（1）抗位移性和蠕变性

预制板接缝部位在应用过程中，受环境温度变化会出现热胀冷缩现象，使得接缝尺寸发生循环变化，密封胶必须具备良好的抗位移能力及蠕变性能，保证黏结面不易发生破坏。

（2）耐候性及耐久性

密封胶材料使用时间长且处于外露条件，采用的密封胶必须具有良好的耐久性和耐候性。

（3）黏结性

预制混凝土板主要结构组成为混凝土，为保证密封效果，采用的密封胶必须与混凝土基材良好粘接。

（4）防污性及涂装性能

密封胶作为外露密封使用，为整体美观还应具备防污性和可涂装性能。

（5）环保性

密封胶在生产和使用过程中应对人体和环境友好。

第六节　现浇部位施工技术

提高装配式建筑施工效率和质量是现场施工的重点和难点，现场还应注意部分现浇部位施工中的钢筋绑扎、支撑搭设、模板施工、混凝土浇筑及养护等工艺。

一、现场现浇部位钢筋施工

装配式结构现场钢筋施工主要集中在预制梁柱节点、墙连接节点、墙板现浇节点部位以及楼板、阳台叠合层部位。

图 4.30　预制梁柱节点钢筋施工

1. 预制柱现场钢筋施工

预制梁柱节点处的钢筋定位及绑扎（见图4.30）对后期预制梁、柱的吊装定位至关重要。预制柱的钢筋应严格根据深化图纸中的预留长度及定位装置尺寸来下料，预制柱的箍筋及纵筋绑扎时应先根据测量放线的尺寸进行初步定位，再通过定位钢板进行精细定位。精细定位后应通过卷尺复测纵筋之间的间距及每根纵筋的预留长度，确保量测精度在规范要求。最后可通过焊接等固定措施保证钢筋的定位不被外力干扰，定位钢板在吊装本层预制柱时取出。

2. 预制梁现场钢筋施工

由于预制梁箍筋分整体封闭箍和组合封闭箍，封闭部分不利于纵筋的穿插，为不破坏箍筋结构，现场工人被迫从预制梁端部将纵筋插入，这将大大增加施工难度。为避免以上问题，建议预制梁箍筋在设计时暂时不做成封闭形状，可等现场施工工人将纵筋绑扎完后再进行现场封闭处理。纵筋穿插完后将封闭箍筋绑扎至纵筋上，注意封闭箍筋的开口端应交替出现。堆放、运输、吊装时梁端钢筋要保持原有形状，不能出现钢筋撞弯的情况。施工现场见图4.31。

3. 预制墙板现场钢筋施工（图4.32）

（1）钢筋连接方式选择

竖向钢筋连接宜根据接头受力、施工工艺、施工部位等要求选用机械连接、焊接连接和绑扎搭接等连接方式，并应符合国家现行有关标准的规定。接头位置应设置在受力较小处。

（2）钢筋连接工艺流程

套暗柱箍筋→连接竖向受力筋→在对角主筋上画箍筋间距线→绑箍筋。

（3）钢筋连接施工要点

① 装配式剪力墙结构暗柱节点主要有"一"形、"L"形和"T"形几种形式。由于两侧的预制墙板均有外伸钢筋，因此，需要在深化设计阶段及构件生产阶段就进行暗柱节点钢筋穿插顺序分析研究，发现无法实施的节点，及早与设计单位进行沟通，避免现场施工时出现箍筋安装困难或临时切割的现象发生。

② 后浇节点钢筋绑扎时，可采用人字梯作业，当绑扎部位高于围挡时，施工人员应佩

图 4.31　预制梁中钢筋施工

戴穿芯自锁保险带并作可靠连接。

③在预制板上标定暗柱箍筋的位置，预先把箍筋交叉放置就位于两侧；先对预留竖向连接钢筋位置进行校正，然后再连接上部竖向钢筋。

图 4.32　预制剪力墙现场钢筋施工

4. 叠合板现场钢筋施工（图 4.33）

（1）叠合层钢筋绑扎前应清理叠合板上杂物，根据钢筋间距弹线绑扎，上部受力钢筋带弯钩时，弯钩向下摆放，保证钢筋搭接和间距符合设计要求。

（2）安装预制墙板用的斜支撑预埋件应及时埋设。预埋件定位应准确，并采取可靠的防污染措施。

（3）钢筋绑扎过程中，应注意避免局部钢筋堆载过大。

（4）为保证上部钢筋的保护层厚度，可利用叠合板的桁架钢筋作为上部钢筋的马凳。

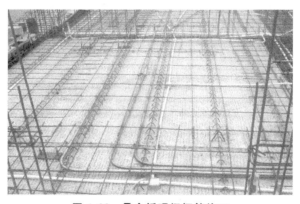

图 4.33　叠合板现场钢筋施工

二、模板现场组装

在装配式建筑中，现浇节点的形式与尺寸重复较多，可采用铝模或钢模。在现场组装模板时，应对照模板设计图纸有计划地进行对号分组安装，对安装过程中的累计误差进行分析，找出原因后作相应的调整。模板安装完成后质检人员应作验收处理，验收合格签字确认后方可进行下一工序。

三、混凝土施工

在节点、叠合层部位混凝土施工时，应注意以下几点：

（1）预制剪力墙节点处混凝土浇筑时，由于节点高度高、长度短、钢筋密集，混凝土浇筑时要边浇筑边振捣，避免出现蜂窝、麻面。

（2）为使叠合层具有良好的黏结性能，在混凝土浇筑前应对预制构件作粗糙面处理并对浇筑部位作清理润湿处理。同时，对浇筑部位的密封性进行检查验收，对缝隙处作密封处理，避免混凝土浇筑后的水泥浆溢出对预制构件造成污染。

（3）叠合层混凝土浇筑时，由于叠合层厚度较薄，应使用平板振捣器振动，要尽量使混凝土中的气泡逸出，以保证振捣密实，叠合板混凝土浇筑应考虑叠合板受力均匀，可按照先内后外的顺序浇筑。

（4）浇水养护，应保持混凝土湿润养护 7d 以上。

<<<< 本章思考题 >>>>

1. 装配式建筑预制构件吊装顺序是什么？
2. 装配式建筑连接技术有哪些？
3. 预制构件现场堆放对场地有何要求？
4. 预制构件安装前准备工作有哪些？
5. 预制墙板的施工流程是什么？
6. 预制柱的安装工艺是什么？

第五章

装配式结构装修

装配式内装，又称装配式装修，是将工厂生产的部品部件在现场进行组合安装的装修方式，主要包括干式工法楼（地）面、整体厨房、整体卫浴间、管线与结构分离等。装配式内装有如下四大特征。

(1) 标准化设计：建筑设计与装修设计一体化。

(2) 工业化生产：产品统一部品化、部品统一型号规格、部品统一设计标准。

(3) 装配化施工：由产业工人现场装配，通过工厂化管理规范装配动作和程序。

(4) 信息化协同：部品标准化、模块化，测量数据与工厂制造协同。

装配式装修对于全面提升住宅品质具有多方面的优势，切实提高建筑安全性、耐久度与舒适性，由于部品在工厂制作，可全面保证产品性能；由于现场以拼接和安装为主，没有湿作业，可实现装修节能，施工现场无噪声、无污染，装修完毕即可入住；提高劳动生产率并且可缩短建设周期，可以用同样的价格选择更好的优质材料，为居住者提供最优性价比。

装配式装修内装部品性能应满足国家相关标准要求，并注重提高以下性能：

(1) 安全性。包括部品的物理性能：强度、刚度、使用安全、防火耐火等。

(2) 耐久性。部品应能够循环利用，且具有抗老化、可更换性等。

(3) 节能环保。尽量减少内装部品在制造、流通、安装、使用、拆改、回收的全寿命过程中对环境的持续影响。

(4) 高品质。用科技密集型的规模化工业生产取代劳动密集型的粗放手工业生产，确保内装部品的高品质。

常见的装配式装修主要包括一般室内装修、整体卫浴间、整体厨房等。

第一节　一般室内装修

装配式室内装修应兼顾功能、效果及系统统筹，合理选用装修材料和装修程度，避免过度装修，不应使用高能耗、施工繁琐、维修难度大、寿命短、易变色等的装修材料。

装配式室内装修设计应符合行业标准《住宅室内装饰装修设计规范》（JGJ 367）的规定，室内装修施工安装应符合国家标准《建筑装饰装修工程质量验收标准》（GB 50210）、《住宅装饰装修工程施工规范》（GB 50327）的规定。

内装部品中装修材料及制品的燃烧性能及应用，应符合国家标准《建筑材料及制品燃烧性能分级》（GB 8624）、《建筑设计防火规范》（GB 50016）、《建筑内部装修设计防火规范》

（GB 50222）和《建筑内部装修防火施工及验收规范》（GB 50354）的要求。

装修材料及制品的环保性能应符合国家标准《民用建筑工程室内环境污染控制标准》（GB 50325）等相关标准的规定。

内装部品应具有通用性和互换性，应满足内装部品装配化施工和后期更新的要求。装配式内装部品互换性指年限互换、材料互换、样式互换、安装互换等。实现内装部品互换的主要条件是确定构件与内装部品的尺寸和边界条件。年限互换主要指因为功能和使用要求发生变化，要对空间进行改造利用，或者内装部品已达到使用年限，需要用新的内装部品更换。

常见的部品装修主要包括轻质隔墙安装、龙骨吊顶安装、模块式采暖地面安装和住宅集成式管道安装等。

装配式装修目前主要包括快装轻质隔墙安装、快装龙骨吊顶安装、模块式快装采暖地面安装和住宅集成式给水管道安装四种工艺。

一、快装轻质隔墙安装

图 5.1　快装轻质隔墙

快装轻质隔墙由轻钢龙骨内填岩棉、外贴涂装板组成（见图 5.1），用于居室、厨房、卫生间等部位隔墙。快装轻质隔墙体系可根据居住空间实际需求灵活布置，采用干法制作，具有装配速度快、轻质隔声、防腐保温和防火等特点。隔墙和竖向龙骨采用轻钢龙骨，并根据壁挂物品设置加强龙骨；填充墙内岩棉采用等燃烧性能 A 级的不燃材料，可起防火隔声作用；装饰面层采用涂装板，与龙骨间采用结构密封胶粘接，板间缝隙用防霉型硅酮玻璃胶填充并勾缝光滑。

二、快装龙骨顶棚安装

快装龙骨顶棚由铝合金龙骨和涂装外饰板面组成（见图 5.2），用于厨房、卫生间和封闭阳台等部位顶棚。顶棚边龙骨沿墙面涂装板顶部挂装，固定牢固，边龙骨阴阳角处应切割

图 5.2　快装龙骨顶棚

成 45°拼接，以保证接缝严密，开间尺寸大于 1800mm 时，应采用吊杆加固措施。顶棚板开排烟孔和排风扇孔洞时，边沿切割整齐。

三、模块式快装采暖地面安装

模块式快装采暖地面由可调节地脚组件、地暖模块、平衡层和饰面层组成（见图 5.3），用于居室、厨房、卫生间和封闭阳台等部位。快装采暖地面设计高度为 110mm，在楼板上放置可调节地脚组件支撑地暖模块，架空空间内铺设机电管线，可灵活拆装使用，安装方便，便于维修，无湿作业且使用寿命长。

可调节地脚组件由支撑块、橡胶垫及连接螺栓等配件组成。在边支撑龙骨与可调节地脚组件上架设地暖模块，可调节地脚组件与地暖模块用自攻螺丝连接。地暖模块间隙为 10mm，用聚氨酯发泡胶填充严实。通过连接螺栓架空支撑地脚组件可方便地调节地暖模块的高度及面层水平以避免楼板不平的影

图 5.3　模块式快装采暖地面

响，在架空地面内铺设管线还可起隔声作用。地暖模块由镀锌钢板内填塞聚苯乙烯泡沫塑料板材组成，具有保温隔声作用，并使热量向上传递。地暖加热管敷设在地暖模块的沟槽内，不应有接头，不得突出模块表面。平衡层采用燃烧性能为 A 级的 8mm 厚无石棉硅酸钙板。待压铺贴第一层平衡层，铺贴完成检查加热管无渗漏后方可泄压；随即铺贴第二层平衡层，该平衡层与第一层平衡层水平垂直铺贴；饰面层采用 2mm 厚石塑地板。石塑地板铺贴前应在现场放置 24h 以上，温度与施工现场一致，铺贴时两块材料间应贴紧无缝隙。

四、住宅集成式给水管道安装

按传统，各类管线均埋设在建筑结构内或垫层内，管线日常维修维护及更换极为不便，管线改造更可能影响结构使用寿命。集成式管道敷设于架空层内，管路布置灵活，安装快捷，维修方便，不破坏结构，且不产生建筑垃圾。

给水主管道成排敷设时，直线部分宜互相平行。弯曲部分宜与直线部分保持等距。户内给水分支管道与给水主管道宜设置在吊顶内进行连接，连接管件时，PP-R 管采用热熔连接，铝塑管采用专用管件连接，不得在塑料管上套丝。户内给水分支管道宜采用工业化模块产品，在现场按设计高度进行固定。

第二节 整体卫浴间施工

整体卫浴间（图 5.4）采用一体化设计，将住宅内部所有构件进行模数化分解，所有装

修物料在工厂进行预制生产，采用模具将复合材料一次压制成型，形成标准化、通用化的部品部件，及时准确配送到现场进行装配式施工，实现住宅装修部品的标准化、模块化、产业化和通用化，解决传统住宅装修的诸多矛盾和问题。

图 5.4　整体卫浴间示意图

一、整体卫浴间概念

整体卫浴间是指由工厂生产的楼地面、顶棚、墙板和洁具设备及管线等集成并主要采用干式工法装配完成的卫生间（见图 5.5），它是在工厂化组装控制条件下，遵照给定的设计和技术要求进行精准生产，在质量和成本上达到最优控制。整体卫浴间由防水底盘、墙板、顶盖构成整体框架，结构独立，配上各种功能洁具，以及内部的五金、洁具、瓷砖、照明和水电风系统等内部组件，形成独立的卫生单元，具有洗浴、洗漱、如厕三项基本功能或其功能的任意组合。可以根据使用要求装配在酒店、住宅、医院等环境中。

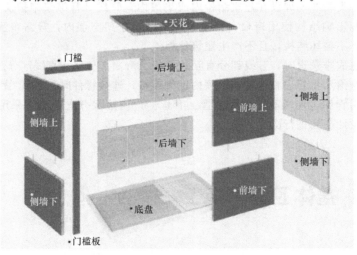

图 5.5　整体卫浴间分解示意

二、部品进场检验及存放

(一) 部品进场检验

进入现场的部品应具有出厂合格证及相关质量证明文件，产品质量应符合设计及相关技术标准要求。每个产品应进行进场检验，如检验项目均符合相应要求，判定该产品为合格，主要检查内容如下：

1. 一般要求

整体卫浴间设计应方便使用、维修和安装；整体卫浴间内空间尺寸允许偏差为±5mm；壁板、顶板、防水底盘材质的氧指数不应低于32；壁板、顶板的平直度和垂直度公差应符合图样及技术文件的规定；门用铝型材等复合材料或其他防水材质制作；洗浴可供冷水和热水，并有淋浴器；便器应用节水型；洗面器可供冷水和热水，并备有镜子。整体卫浴间应能通风换气；整体卫浴间有在应急时可从外面开启的门；坐便器及洗面器应排水通畅，不渗漏，产品应自带存水弯或配有专用存水弯，水封深度至少为50mm；整体卫浴间应便于清洗，清洗后地面不积水；严寒地区、寒冷地区应考虑采暖设施。

2. 构配件要求

(1) 浴缸

玻璃纤维增强塑料浴缸符合《玻璃纤维增强塑料浴缸》(JC/T 779—2000) 的规定，FRP浴缸、丙烯酸浴缸应符合《住宅浴缸和淋浴底盘用浇铸丙烯酸板材》(JC/T 858—2000) 的规定，搪瓷浴缸符合《搪瓷浴缸》(QB/T 3564—1999) 的规定。浴缸宜配有侧板，并可与整体卫浴固定。

(2) 卫生洁具

洗面器、淋浴器、坐便器及低水箱等陶瓷制品应符合《卫生陶瓷》(GB 6952—2015) 的规定，也可采用玻璃纤维增强塑料或人造石制作，并应符合相应的标准，坐便洁身器应符合《坐便洁身器》(JG/T 285—2010) 的规定。

(3) 卫生洁具配件

卫生洁具配件包括浴盆水嘴、洗面器水嘴、低水配件及排水配件等。浴盆水嘴应符合《浴盆及淋浴喷嘴》(JC/T 760—2008) 的规定，洗面器水嘴应符合《面盆水嘴》(JC/T 758—2008) 的规定，水箱配件应符合《卫生洁具铜排水配件通用技术条件》(JC/T 761—1987) 和《卫生洁具铜排水配件结构型式和连接尺寸》(JC/T 762—1987) 的规定，排水配件也可采用耐腐蚀的塑料制品、铝制品等，且应符合相应的标准。

(4) 管道、管件及接口

整体卫浴间内使用的管道、管件应不易锈蚀，并应符合相应的标准；管道与管件接口应相互匹配，连接方式应安全可靠，且无渗漏；管道与管件应定位、定尺设计，施工误差精度为±5mm；预留安装坐便洁身器的给水接口、电话口应符合相关标准的要求；排水管道布置宜采用同层排水方式，并应为隐蔽工程。

(5) 电器

照明灯、换气扇、烘干器等配件应采用防水、不易生锈的材料，并应符合相应的标准。

(6) 其他配件

毛巾架、浴帘杆、手纸盒、肥皂盒、镜子及门锁等配件应采用防水、不易生锈的材料，并应符合相应的标准。

3. 构造要求

整体卫浴间应有顶板、壁板、防水底盘和门；易锈金属不应外露在整体卫浴间内；与水直接接触的木器应作防水处理；整体卫浴间地面应安装地漏，并应防滑和便于清洗，地漏必须具备存水弯，水封深度不应小于50mm；构件、配件的结构应便于保养、检查、维修和更换；电器及线路不应漏电，电源插座宜设置独立回路，所有裸露的金属管线应以导体相互连接并留有对外连接的PE线的接线端子；无外窗的卫生间应有防回流构造的排气通风道，并预留安装排气机械的位置和条件；组成整体卫浴间的主要构件、配件应符合有关标准、规范的规定。

4. 外观

玻璃纤维增强塑料制品表面应光洁平整，颜色均匀、无龟裂、无气泡且无玻璃纤维外露；玻璃纤维增强塑料颜色基本上色调为象牙白和灰白；金属配件外观应满足：表面加工良好，无裂纹、无伤痕、无气孔等，且表面光滑，无毛刺；镀层无剥落或颜色不均匀等现象；金属配件应作防锈处理。其他材料无明显缺陷且应无毒无味。

（二）现场存放

现场临时堆放点应尽量使整体卫浴间到场的批次、数量与现场吊装就位的施工进度互相匹配，避免大批量成品的堆积。周密堆放点位置应尽量布置在塔式起重机的吊装范围内，以避免场内二次运输作业。考虑到整体卫浴间的成品保护，临时存放应重点考虑如下几点。

（1）存放场地的吊装平台长、宽应充分考虑整体卫浴间的尺寸，且地面吊装平台前应对放置场地进行地面平整、硬化，考虑排水措施。

（2）预埋吊点应朝上，标识宜醒目且方便识别，部品之间应考虑转运及吊装操作所需空间。

（3）构件支垫应坚实，垫块在构件下的位置宜与脱模、吊装时的起吊位置一致。

（4）为避免卫生间的变形损坏，堆放地面平整不得有凹凸，并放置长条方木，一方面避免积水浸泡，另一方面也方便叉车叉取。

三、整体卫浴间吊装施工

（一）施工准备

1. 施工测量

（1）根据工程现场设置的测量控制网及高程控制网，利用经纬仪或全站仪定出建筑物的控制轴线，将轴线的相交点作为控制点。

（2）依据统一测定的装饰、装修阶段轴线控制线和建筑标高线，引测至卫生间内，测定十字控制线并弹于地面和墙面上，按顶棚标高弹出吊顶完成面水平线和设备管线安装最低控制线，以此作为控制机电各专业管线安装和甩口的基准。

2. 吊装器具

在部品生产过程中留置内吊装杆及吊点，现场采用专用吊钩与吊装绳连接，并对主要吊装用机械器具，检查确认其必要数量和安全性。

3. 吊装准备

预制部品运抵施工现场后，即需进行吊装作业，由于起吊设备、安装与制作状态、作业环境不同，需要重新确定起吊点位置及选择起吊方式。

（1）起吊点一般设置于部品重心部位，避免部品吊装过程中由于自身受力状态不平衡而导致的旋转问题。

（2）当部品生产状态与安装状态构件姿态一致时，尽可能将施工起吊点与部品生产脱模起吊点相统一。

（3）当部品生产状态与安装姿态不一致时，尽可能将脱模用起吊点设置于安装后不影响观感的部位，并加工成容易移除的方式，避免对部品观感造成影响。

（4）考虑安装起吊时可能存在部品不合理受力开裂损坏问题，应设置吊装临时加固措施，避免由于吊装而造成损坏。应根据部品形状、尺寸及重量要求选择适宜的吊具，在吊装过程中，吊索水平夹角不宜小于60°，不应小于45°，保证吊车主钩位置、吊具及部品重心在竖直方向重合。

（二）安装条件

整体卫浴间外饰墙体为轻质隔墙，需在轻质隔墙墙板封板之前进行安装。整体浴室安装前应具备以下条件。

（1）二次砌筑、轻钢龙骨隔墙及地面找平、防水已施工完毕。

（2）墙体电气配管及电位安装完毕，顶部线盒按整体卫浴型号要求安装完毕。

（3）排风管、给水排水甩口安装完毕，甩口位置、高度、阀门安装部位按整体卫浴间型号要求安装完毕。

（三）找平

根据图纸上的标高，在降板四角及中心放置灰饼作为标高控制点，中心灰饼标高比四周灰饼标高低1.5mm。

（四）安装施工

整体卫浴间部件根据墙板材料及结构方式不同，安装略有区别。但基本流程可归结为底盘安装、墙板连接、顶板安装、内部设备安装等几个环节。

1. 排水管安装

安装下水口、排污管及给水系统管架，检查预留排水管的位置和标高是否准确。清理卫生间内排污管道杂物，进行试水，确保排污排水通畅。

2. 地盘安装

如果采用同层排水方式，整体卫浴间门洞应与其外围墙体门洞平行对正，底盘边缘与对应卫生间墙体平行。如果采用异层排水方式，应保证地漏孔和排污孔、洗面台排污孔与楼面预留孔一一对正。用专用扳手调节地脚螺栓，调整底盘的高度及水平。保证底盘完全落实，无异响现象。

3. 墙板安装

按安装壁板编号依次用连接件和镀锌螺栓进行连接固定，注意保护墙板表面。在底盘边缘上立4块墙板，将接缝处用卡子打紧，并在各接缝处用密封胶嵌实。壁板拼接面应平整，壁板与底盘结合处缝隙均匀，误差不大于2mm。壁板安装应保证壁板转角处缝隙、排水盘角中心点两边空隙均等，以利于压条的安装。

4. 顶板及其余零件的安装

安装顶板前，应将顶板上端的灰尘、杂物清除干净。采用内装法安装顶板时，应通过顶板检修口进行安装。顶板与顶板、顶板与壁板间安装应平整，缝隙要小而均匀。最后把顶板缝用塑料条封好，随后安装门口、门窗，用螺栓紧固。

5. 内部卫生设备安装

给水管安装沿壁板外侧固定给水管时,应安装管卡固定。应按整体卫浴间各给水管接头位置预先在壁板上开好管道接头的安装孔。使用热熔管时,应保证所熔接的两个管材或配管对准。

6. 电气设备安装

将卫生间预留的每组电源进线分别通过开关控制,接入接线端孔对应位置。不同用电装置的电源线应分别穿入线槽或电线管内,并固定在顶板上端,其分布应有利于检修。各用电装置的开关应单独控制。

(五)接口连接

(1)各种卫生器具石面、墙面、地面等接触部位使用硅酮胶或防水密封条密封。

(2)底盘、龙骨、壁板、门窗的安装均使用螺栓连接,顶盖与壁板使用连接件连接安装。

(3)底盘底部地漏管与排污管使用胶水连接,在底盘面上完成地漏和排污管安装。

(4)定制的洁具、电气与五金件等采用螺栓与底盘、壁板进行连接。给水排水管与预留管的连接,使用专用接头,胶水粘接。

(5)台下盆须提前安装在人造石台面预留洞口位置,采用云石胶粘接牢固,接缝打防水密封胶。

(六)接缝处理

(1)完成整体卫浴间与建筑结构主体风、水、电系统管线的接驳后,经验收合格后方可对整体式卫生间底板与降板槽缝隙进行灌浆。

(2)所有板、壁接缝处打密封胶。

(3)螺栓连接处使用专用螺母覆盖,外圈打密封胶。

(4)底板与墙板、墙板与墙板之间及墙板与顶板之间均用特制钢卡子连接。

四、质量检验、验收及成品保护

(一)质量检验

整体卫浴间安装就位完成后及时对水平定位及标高进行测量:卫生间安装水平定位尺寸不得超过8mm;标高允许偏差控制在4mm;垂直度允许偏差为5mm;安装完成后与墙板接缝宽度、中心线位置允许偏差±5mm,整体卫浴间安装的允许偏差和检验方法应符合规定。

(二)成品保护

金属面板应使用软布以中性清洁剂进行清洁,再用较干的抹布以清水抹净;灌水试验完成后,清理作业垃圾,用塑料保护膜覆盖整体卫浴间,并应对安装成品采用包裹、覆贴膜等可靠措施进行封存保护。

(三)质量验收

1. 一般要求

(1)整体卫浴间施工质量验收应符合现行国家标准《建筑工程施工质量验收统一标准》(GB 50300)、《建筑地面工程施工质量验收规范》(GB 50209)、《建筑装饰装修工程质量验收规范》（GB 50210）、《建筑给水排水及采暖工程施工质量验收规范》（GB 50242）、《通风与空调工程施工质量验收规范》（GB 50243）、《建筑电气工程施工质量验收规范》（GB 50303）、《住宅装饰装修工程施工规范》（GB 50327）等相关标准的规定。

（2）整体卫浴间验收时应检查下列文件和记录：整体卫浴间的施工图、设计说明及其他设计文件；材料的产品合格证书、性能检验报告、进场验收记录；隐蔽工程验收记录应附影像记录，并应按规定格式填写施工记录。

（3）整体卫浴间应对下列隐蔽工程项目进行验收：顶板之上、壁板之后的管线、设备的安装及水管试压、风管严密性检验；排水管的连接；壁板与整体卫浴间外围合墙体之间填充材料的设置。

2. 主控项目

（1）整体卫浴间内部尺寸、功能应符合设计要求。

检验方法：观察；尺量检查；检查自检记录。

（2）整体卫浴间面层材料的材质、品种、规格、图案、颜色和功能应符合设计要求，整体卫浴间及其配件性能应符合现行行业标准《住宅整体卫浴间》（JG/T 183）的规定。

检验方法：观察；检查产品合格证书、性能检验报告、进场验收记录。

（3）整体卫浴间的防水底盘、壁板和顶板的安装应牢固。

检验方法：观察；手扳检查；检查隐蔽工程验收记录、施工记录及影像记录。

（4）整体卫浴间所用金属型材、支撑构件应经过表面防腐处理。

检验方法：观察；检查产品合格证书。

3. 基本项目

（1）整体卫浴间防水盘、壁板和顶板的面层材料表面应洁净、色泽一致，不得有翘曲裂缝及缺损。压条应平直、宽窄一致。

检验方法：观察、尺量检查。

（2）整体卫浴间内的灯具、风口、检修口等设备设施的位置应合理，与面板的交接应吻合、严密。

检验方法：观察；尺量检查。

（3）整体卫浴间壁板与外围合墙体之间所填充吸声材料的品种和铺设厚度应符合设计要求。检验方法：观察，并应有防散落措施；检查隐蔽工程验收记录、施工记录及影像记录。

第三节　整体厨房施工

整体厨房从设计环节的模块化和集成化、生产环节的整体化和建筑安装环节的标准化方面对厨房的功能分区、管线协调以及整体装配工艺作出了根本性改变。整体厨房与建筑主体结构、各类设施设备管线等的设计、施工应同步考虑实施，从而实现标准化、工业化、配套化的装配式安装。

一、整体厨房简介

整体厨房是由工厂生产的楼地面、顶棚、墙面、橱柜、厨房设备及管线等集成并主要采用干式工法装配完成的厨房（见图5.6）。整体厨房是将厨房部品（设备、电器等）以橱柜为载体，将燃气具、电器、用品、柜内配件依据相关标准，科学合理地集成一体，形成空间布局最优并逐步实现操作智能化和实用化的集成化厨房。它是以住宅部品集成化的思想与技术为原则来制订住宅厨房设计、生产与安装配套，使住宅部品从简单的分项组合上升到模块化集成，最终实现住宅厨房的商品化供应和专业化组装服务。

图 5.6　整体厨房示意

厨房部品集成的前提是住宅的各部件尺寸协调统一，即遵循统一的模数原则，目的是使建筑空间与整体厨房的装配相吻合，使橱柜单元及电器单元具有配套性、通用性，是橱柜单元及电器单元装入、重组、更换的最基本保证。因此，建筑空间要满足橱柜模数尺寸和橱柜安装环境的要求，橱柜、电器、机具及相关设施要满足相关标准要求。

二、部品进场检验及存放

（一）部品进场检验

进入现场的部品应具有出厂合格证及相关质量证明文件，产品质量应符合设计及相关技术标准要求。整体厨房的外观质量不应有严重缺陷，且不宜有一般缺陷。主要检查项目如下。

1. 材料

（1）柜体使用的人造板材料应符合相应标准的规定；台面板可选用人造板、天然石、人造石等材料制作，人造石应符合《人造石》（JC/T 908）的规定。

（2）产品使用的木质材料，应符合《木家具通用技术条件》（GB/T 3324）中的规定。

（3）产品使用的各种覆面材料、五金件、管线、橱柜专用配件等均应符合相关标准或图样及技术文件的要求。

2. 外观

（1）人造板台面和柜体表面应光滑，光泽良好，无凹陷、鼓泡、压痕、麻点、裂痕、划伤和碰伤等缺陷，同一色号的不同柜体的颜色应无明显差异。

（2）石材台面不得有隐伤、风化等缺陷，表面应平整，棱角应倒圆，磨光面不应有划痕，不应带有直径超过2mm的砂眼的材料。

（3）玻璃门板、隔板不应有裂纹、缺陷、气泡、划伤、砂粒、疙瘩和麻点等缺陷，无框玻璃门周边应磨边处理，玻璃厚度不应小于5mm，且厚薄应均匀，玻璃与柜的连接应紧固。

（4）电镀件镀层应均匀，不应有麻点、脱皮、白雾、泛黄、黑斑、烧焦、露底、龟裂、锈蚀等缺陷，外表面应光泽均匀，抛光面应圆滑，不应有毛刺、划痕和磕碰伤等。

（5）焊接部位应牢固，焊缝均匀，结合部位无飞溅和未焊透、裂纹等缺陷。转篮、拉篮等产品表面应平整，无焊接变形，钢丝间隔均匀，端部等高，无毛刺和锐棱。

（6）喷涂件的表面组织细密，涂层牢固、光滑均匀，色泽一致。不应有流痕、露底、皱纹和脱落等缺陷。

（7）金属合金件应光滑、平整、细密，不应有裂纹、起皮、腐蚀斑点、氧化膜脱落、毛刺、黑色斑点和着色不均等缺陷。装饰面上不应有气泡、压坑、碰伤和划伤等缺陷。

（8）塑料产品表面应光滑、细密、平整，无气泡、裂痕、斑痕、划痕、凹陷、缩孔、堆色和色泽不均、分界变色线等缺陷，颜色应均匀一致并符合相关图样的规定。

3. 尺寸公差

（1）柜体的宽度、深度和高度的极限偏差为±1mm，台面板两对角线长度之差不超过 3mm。

（2）柜体板件按图样规定尺寸进行加工，未注明公差的极限偏差按《一般公差 未注公差的线性和角度尺寸的公差》（GB/T 1804）的 m 级执行。

4. 燃烧性能

人造板台面的燃烧性能等级不应低于《建筑材料及制品燃烧性能分级》（GB 8624）中的 B 级标准，其他部位用板材的燃烧性能等级不应低于 C 级标准。

5. 排水组件

（1）地柜内排水管经老化性能试验后无裂纹，无渗漏水现象。

（2）排水管和洗涤池、管件等连接部位应严密，无渗漏水现象。

6. 木工要求

（1）各类橱柜部件表面应进行贴面和封边处理，并应严密平整，不应有脱胶、留有胶迹和鼓泡等缺陷。

（2）榫及零部件结合应牢固、严密、外表结合处缝隙不应大于 0.2mm。

（3）柜类表面不允许有凹陷、压痕、划伤、裂痕、崩角和刃口，外表面的倒棱、圆角、圆线应均匀一致。

（4）抽屉的滑轨应牢固，零部件的配合不得松动。

（5）各种配件、连接件安装应严密、平整端正、牢固，结合处无崩茬或松动，不得缺件、漏钉、透钉；如门、抽屉、转篮等零配件应启闭灵活。

（6）操作台上后挡水与台面的结合应牢固、紧密。

（7）踢脚板应坚固且调整灵活。

7. 五金件的性能

（1）铰链的性能应符合下列要求：打开角度不应小于 90°，开闭时不应有卡死或出现摩擦声；前后、左右、上下可调范围不应超过 2mm；耐腐蚀等级不应低于《轻工产品金属层腐蚀试验结果的评价》（QB/T 3832）中的 9 级。

（2）滑轨的性能应符合下列要求：滑轨各连接件应连接牢固，在定额承重条件下，无明显摩擦声和卡滞现象，滑轨滑动顺畅；镀锌、烤漆处理的滑轨应分别符合《金属及其他无机覆盖层 钢铁上经过处理的锌电镀层》（GB/T 9799）和《家具五金 抽屉导轨》（QB/T 2454）的要求；喷塑处理的滑轨，喷塑层厚度不应小于 0.1mm。

（3）拉手：拉手的喷雾试验保护等级不应低于《厨房家具》（QB/T 2531）中的 7 级。

（4）调整脚的性能应符合下列要求：调整脚螺纹表面不应有凹痕、断牙等缺陷；塑料表面不应有溢料、缩痕、焊接痕等缺陷；每个调整脚应能承受不小于 1000N 的荷载。

（5）水嘴性能应符合《陶瓷片密封水嘴》（GB/T 18145）的要求。

8. 安全与环保要求

(1) 厨房应设可开启外窗。

(2) 所有抽屉及拉篮，应有保证抽屉和拉篮不被拉出抽屉的零件。

(3) 橱柜洗涤台的给水、排水系统在使用压力条件下应无渗漏。

(4) 金属件在接触人体或储藏部位应进行砂光处理，不得有毛刺和锐棱。

(5) 厨房设备应符合《家用和类似用途电器的安全 第1部分：通用要求》（GB 4706.1）及相应标准的要求。

(6) 厨房电源插座位置及数量等均应符合有关规定。

(7) 在安装电源插座及接线时，应对接近水、火的管线加保护层，以确保安全。

(8) 管线区中暗设的燃气管线，应符合《城镇燃气设计规范》（GB 50028）中的要求，燃气表的安装应符合其中10.3的要求。

(9) 人造板材和实木板材上所用涂料中非活性挥发性有机化合物（VOC）含量不应大于150g/L；人造板游离甲醛释放量应符合《室内装饰装修材料人造板及其制品中甲醛释放限量》（GB 18580）的规定。

(10) 天然石、人造石台面的放射性核素限量应符合《建筑材料放射性核素限量》（GB 6566）中Ⅰ类民用建筑的规定。

9. 人造板台面和柜体表面应光滑，光泽良好，无凹陷、鼓泡、压痕、麻点、裂痕、划伤和磕碰伤等缺陷，同一色号不同柜体的颜色应无明显差异。

（二）现场存放

进场的橱柜收纳产品必须存放在指定的仓库内，仓库应保持干燥、通风、远离火源；认真规划临时堆放点，堆放点位置应尽量布置在塔式起重机的吊装范围内，以避免场内二次运输作业。考虑到整体厨房的现场保护，部品堆放应符合下列规定：

① 堆放场地应平整、坚实，并应有排水措施。

② 预埋吊件应朝上，标识宜朝向堆垛间的通道，堆码高度不超过1.5m，以防止压损。

③ 部品支垫应坚实，垫块在部品下的位置宜与脱模、吊装时的起吊位置一致。

④ 重叠堆放部品时，层间垫块应上下对齐，堆垛层数应根据部品、垫块的承载力确定，并根据需要采取防止堆垛倾覆的措施；堆放部品时，应根据部品起拱值的大小和堆放时间采取相应措施。

三、整体厨房吊装施工

（一）施工准备

每块厨房部品水平位置控制线以及安装检测控制线与整体厨房施工测量相同；吊装器具和吊装准备工作与整体卫浴间安装相类似。

（二）基础验收

(1) 轻质隔墙及地面找平施工完毕并验收完成。

(2) 厨房的顶面、墙面材料宜防火、抗热、易于清洗。

(3) 厨房给水、排水、燃气等各类管线应合理定尺定位预埋完成，管线与产品接口设置互相匹配，并应满足整体厨房使用功能要求。

（三）基础找平

（1）在厨房基层清理完成后，利用水准仪、塔尺等仪器，集合建筑结构标高控制网和控制点对厨房部品安装位置进行测设，配合激光扫平仪，标定部品安装标高控制线。

（2）针对整体安装式厨房，地面进行找平操作：在安装点用混凝土设 4 个方形混凝土墩，每个混凝土墩上表面需用水平尺找平，确保安装后满足设计要求。

（四）安装与定位

整体厨房吊装施工方式与整体卫浴间吊装施工相似，其控制要点在于集成部品与建筑结构之间的连接点，住宅部品间、部品与半部品间的接口依界面主要有三种类型。

（1）固定装配式：如住宅室内的围护部分、有特定技术要求的部位，保温、隔声墙等，采用专用胶黏剂安装固定连接方式。

（2）可拆装式：如划分室内空间的隔墙，可采用搭挂式金属连接，接缝用密封胶连接，表面不留痕迹，以便后期变更或更换表面装修材质。

（3）活动式装配：内部装修部品也可与结构部品"活动式"装配。

（五）接口连接

（1）吊柜的连接方式：木销连接、二合一连接件连接和螺钉连接，连接螺栓宜使用膨胀螺栓。

（2）排水机构各接头连接、水槽及排水接口的连接应严密，软管连接部位用卡箍紧固。

（3）燃气器具的进气接头与燃气管道接口之间的软管连接部位用卡箍紧固，不得漏气。

（4）暗设的燃气水平管，可设在吊顶内或管沟中，采用无缝钢管焊接连接。

（5）水槽应配置落水滤器和水封装置，与排水主管道相连时，采用硬管连接。

（6）预埋塑料胀栓：柜体及门板用于固定五金配件处的全部螺丝孔必须在工厂预埋塑料胀栓，严禁螺丝直接固定在板材上，以保证安装牢固、可重复拆卸；侧板上用于活动承接上下调节的孔位需配孔位盖；门板背面用于固定拉手螺丝孔处需配孔位盖。

（六）接缝处理

（1）安装完毕后，部件与墙体接触部位、水槽所有连接部位打硅胶处理。

（2）挡水与墙面留有 5mm 以内伸缩缝，打密封胶密封，灶具边与台面基础部位做隔热处理。

（3）橱柜的收口、封管的收口、橱柜台面与厨房窗台的收口、上下柜与墙面的收口，踢脚板压顶线与地面和吊顶的收口，用硅胶处理，收口应平滑。

四、质量检验及验收

（一）质量检验

1. 检验项目

出厂检验项目包括：人造板、贴面板、封边带、石材台面、五金件等材料的合格证件；外观；尺寸公差；形状和位置公差；排水机构泄漏试验等。

2. 安装尺寸公差规定

（1）不锈钢及人造贴面板台面及前角拼缝应小于等于 0.5mm，人造石台面应无拼缝。

（2）吊柜与地柜的相对应侧面直线度允许误差小于等于 2.0mm。

（3）在墙面平直条件下，后挡水与墙面之间距离应小于等于 2.0mm。

（4）橱柜左右两侧面与墙面之间距离应小于等于 2.0mm。

（5）地柜台面距地面高度公差值为 ±10mm。

（6）嵌入式灶具安装应与吸油烟机对准，中心线偏移允许公差为 ±20mm。

（7）门与框架、门与门相邻表面、抽屉与框架、抽屉与门、抽屉与抽屉相邻表面的偏差小于等于 2.0mm。相邻吊柜、地柜和高柜之间应使用柜体连接件紧固，柜与柜之间的层错位、面错位公差应小于等于 2.0mm。

（二）成品保护

1. 安装过程中成品保护

（1）当天安装的橱柜，当天从仓库运到房间，当天安装完成，当天工完场清。

（2）搬运、安装过程中，注意不能损坏涂料、木门、木地板等其他成品。

2. 安装后成品保护

（1）安装完成后，柜门表面保护膜仍然保留，直到集中交付前清除。

（2）柜体安装完成后，若涂料修补较多，橱柜施工方须主动对柜体进行覆盖保护。

（3）开窗保洁时，橱柜施工方须及时巡查，避免清洁不当造成成品损坏。

（三）质量验收

1. 一般规定

（1）质量验收应在施工单位自检合格的基础上，报监理（建设）单位按规定程序进行质量检验。

（2）施工质量应符合设计要求和相关专业验收标准的规定。

（3）质量验收应在施工完成后及时进行。

（4）质量验收还应符合现行国家标准《家用厨房设备第 3 部分：试验方法与检验规则》（GB/T 18884.3）的有关规定。

（5）集成整体式厨房工程的质量验收应符合现行国家标准《建筑工程施工质量验收统一标准》（GB 50300）和其他专业验收标准的规定。

（6）集成整体式厨房验收应以竣工验收时可观察到的工程观感质量和影响使用功能的质量作为主要验收项目，检查数量不应少于检验批数量。

（7）未经竣工验收合格的整体厨房工程不得投入使用。

2. 主控项目

装配式整体厨房交付前必须进行合格检验，主要包括以下项目：外观、尺寸公差、形状和位置公差，材料的合格证件，排水机构的试漏试验，木工要求，电气要求，安全性能和密封性能等检查项目。

<<<< **本章思考题** >>>>

1. 装配式装修有哪些特点？

2. 装配式装修有哪些常用的部件？

3. 整体卫浴间如何进行安装施工？

4. 整体卫浴间的验收包括哪些内容？

5. 整体厨房的组成部件有哪些？

6. 整体厨房如何进行验收？

第六章

装配式施工质量控制

第一节 预制构件生产过程质量控制

预制混凝土构件生产单位应对其生产的产品质量负责。应按照《装配式混凝土建筑技术标准》（GB/T 51231）等要求，加强对原材料检验、生产过程质量管理、产品出厂检验及运输等环节控制，执行合同约定的预制混凝土构件技术指标和供货要求，确保预制混凝土构件产品质量。

一、预制构件生产

建设单位、监理单位、施工单位应根据规定和需求配置驻厂监造人员。驻厂监造人员应履行相关责任，对关键工序进行生产过程监督，并在相关质量证明文件上签字。除有专门设计要求外，有驻厂监造的构件可不做结构性能检验。驻厂监造人员应根据工程特点编制监造方案，监造方案中应明确监造的重点内容及相应的检验、验收程序，重点是质量安全的管控，并参与进度控制和协调。

二、质量控制要点

预制构件生产单位应编制预制构件生产方案，明确各类预制构件的生产流程及质量保证措施。同时，预制构件生产单位应加强生产用原材料、模具、钢筋及预埋件、混凝土、灌浆料、套筒、钢筋套筒灌浆连接、钢筋浆锚搭接连接、预制构件结构性能等的质量控制与必要的检验。

（一）原材料

参照施工现场质量控制的程序进行见证取样。其中灌浆套筒、套筒灌浆料、保温材料、保温板连接件、受力型预埋件的抽样应全过程见证。对由热轧钢筋制成的成型钢筋，当能提供原材料力学性能第三方检验报告时，可仅进行重量偏差检验。

（二）模具质量控制

模具的加工质量会直接影响装配式构件的产品质量。模具的质量控制要注意以下几点内容：

（1）模具制作后必须经过严格的质量检查，达到合格后才能投入生产。

（2）模具质量检查的内容包括形状、质感、尺寸误差、平面平整度、边缘、转角、预埋件定位、孔眼定位、出筋定位等，还需要检验模具的刚度、组模后牢固程度、连接处密实情况等。

（3）对模具各部件连接、预留孔洞及埋件的定位固定等做重点检查，模具各个面之间的角度符合设计要求。

（4）模具检查必须有准确的测量尺寸和角度的工具，应当在光线明亮的环境下检查。

（5）一个新模具的首个构件必须进行严格的检查，确认首件合格后才可以正式投入，首件检查除了形状、尺寸、质感外，还应当检查脱模的便利性等。

（6）模具质量和首件检查都应当填表存档。

（三）钢筋及预埋件质量控制

1.钢筋

（1）预制构件中钢筋加工要求同现浇混凝土结构，应符合《混凝土结构工程施工规范》（GB 5066）、《混凝土结构工程质量验收规范》（GB 50204）的要求。钢筋焊接网应符合现行行业标准《钢筋焊接网混凝土结构技术规程》（JGJ 114）的规定。

（2）为提高生产效率，钢筋宜采用机械加工的成型钢筋。叠合板类构件中的钢筋桁架加工工艺复杂，质量控制较难，应使用专业化生产的成型钢筋桁架。由于钢筋在焊接过程中会产生热变形，导致钢筋桁架会产生扭翘变形。在加工过程中，企业应对钢筋桁架专业加工厂进行质量抽查，以确保钢筋桁架的产品质量。

（3）钢筋骨架成型后，应保证整体性。钢筋间距、预埋件位置、保护层厚度等应符合设计要求。套筒及与套筒连接的钢筋出筋位置必须准确。

2.预埋件

（1）预埋件的加工允许偏差应符合表6.1的规定。

表6.1　预埋件加工允许偏差表

项次	检验项目及内容		允许偏差/mm	检验方法
1	预埋件锚板的边长		0，−5	用钢尺量
2	预埋件锚板平整度		1	用直尺和塞尺量
3	锚筋	长度	10，−5	用钢尺量
		间距偏差	±10	用钢尺量

（2）固定在模具上的预埋件、预留孔洞中心位置允许偏差应符合表6.2的规定。

表6.2　模具预留孔洞中心位置允许偏差表

项次	检验项目及内容	允许偏差/mm	检验方法
1	预埋件、插筋、吊环、预留孔洞中心线位置	3	用钢尺量
2	预埋螺栓、螺母中心线位置	2	用钢尺量
3	灌浆套筒中心线位置	1	用钢尺量

（3）夹心外墙板的内外叶墙板之间的拉结件类别、数量及使用位置应符合设计要求。

（4）带门窗、预埋管线预制构件的制作，应符合下列规定：门窗框、预埋管线应在浇筑混凝土前预先放置并固定，固定时应采取防止窗破坏及面的保护措施；当采用铝窗框时，应采取避免铝窗框与混凝土直接接触发生电化学腐蚀的措施；应采取控制温度或受力变形对门窗产生的不利影响的措施。

（5）固定预埋件前，应检查预埋件型号、材料用量、级别、规格尺寸、预埋件平整度、锚筋长度、预埋件焊接质量。预埋件的固定必须保证位置准确，在混凝土浇筑、振捣过程中不得发生移位。吊环位置及外露长度均应符合设计要求且用铁丝绑牢；薄壁预制构件的吊环应加压筋或与主筋钩牢。

（四）钢筋灌浆套筒质量控制

预制构件钢筋及灌浆套筒的安装应符合下列规定：

（1）连接钢筋及全灌浆套筒安装时，应逐根插入灌浆套筒内，插入深度应满足设计锚固深度要求。

（2）钢筋安装时，应将其固定在模具上，灌浆套筒与柱底、墙底模板应垂直，应采用橡胶环、螺杆等固定件避免混凝土浇筑、振捣时灌浆套筒和连接钢筋移位。

（3）与灌浆套筒连接的灌浆管、出浆管应定位准确、安装稳固。

（4）应采取防止混凝土浇筑时向灌浆套筒内漏浆的封堵措施。

（5）工程应用套筒灌浆连接时，应由接头提供单位提交所有规格接头的有效型式检验报告。验收时应核查下列内容：

① 工程中应用的各种钢筋强度级别、直径对应的型式检验报告应齐全，报告应合格有效。

② 型式检验报告送检单位与现场接头提供单位应一致。

③ 型式检验报告中的接头类型，灌浆套筒规格、级别、尺寸，灌浆料型号与现场使用的产品应一致。

④ 型式检验报告应在 4 年有效期内，可按灌浆套筒进厂（场）验收日期确定。

（6）灌浆套筒进厂（场）时，应抽取灌浆套筒检验外观质量、标识和尺寸偏差，检验结果应符合现行行业标准《钢筋连接用灌浆套筒》（JG/T 398）有关规定。同一批号、同一类型、同一规格的灌浆套筒，不超过 1000 个为一批，每批随机抽取 10 个灌浆套筒，主要通过观察、尺量检查。

（五）预制构件堆放质量控制

预制构件的堆放应符合下列规定：

（1）场地应平整、坚实，并应采取良好的排水措施。

（2）应保证最下层构件垫实，预埋吊件宜向上，标识宜朝向堆垛间的通道。

（3）垫木或垫块在构件下的位置宜与脱模、吊装时的起吊位置一致；重叠堆放构件时，每层构件间的垫木或垫块应在同一垂直线上。

（4）堆垛层数应根据构件与垫木或垫块的承载力及堆垛的稳定性确定，必要时应设置防止构件倾覆的支架。

（5）预应力构件的堆放应根据反拱影响采取措施。

（6）外形复杂墙板宜采用插放架或靠放架直立堆放。插放架、靠放架应安全可靠。采用靠放架直立堆放的墙板宜对称靠放、面饰朝外，与竖向的倾斜角不宜大于 10°。

三、预制构件出厂质量控制

预制构件出厂时，驻厂监造人员应对所有待出厂构件进行详细检验，并在相关证明文件上签字。构件外观质量不应有缺陷，对已经出现的严重缺陷应按技术处理方案进行处理并重新检验，对出现的一般缺陷应进行修整并达到合格。预制构件经检查合格后，要及时标记工程名称、构件部位、构件型号及编号、制作日期、合格状态、生产单位等信息，这是质量可追溯性要求，也是生产信息化管理重要一环。预制构件尺寸偏差及预留孔、预留洞、预埋件、预留插筋、键槽的位置和检验方法应符合相关规定。

四、预制构件运输和装卸质量控制

预制构件的运输和装卸应符合下列规定：
（1）预制构件的运输线路应根据道路、桥梁的实际条件确定，场内运输宜设置循环线路；
（2）运输车辆应满足构件尺寸和载重要求；
（3）装卸构件过程中，应采取保证车体平衡、防止车体倾覆的措施；
（4）应采取防止构件移动或倾倒的绑扎固定措施；
（5）运输细长构件时应根据需要设置水平支架；
（6）构件边角部或绳索接触处的混凝土，宜采用垫衬加以保护。

第二节　预制构件进场质量控制

预制构件在工厂制作、现场组装，组装时需要较高的精度，同时每个预制构件具有唯一性，一旦某个构件有缺陷，势必会对工程质量、安全、进度、成本造成影响。作为装配式混凝土结构的基本组成单元，也是现场施工的第一个环节，预制构件进场验收至关重要。

一、现场质量验收程序

预制构件进场时，施工单位应先进行检查，合格后再由施工单位会同构件厂、监理单位、建设单位联合进行进场验收。预制构件进场时应具备相关合格证及检测报告，并检查构件明显部位是否注明生产单位、构件型号、质量合格标识；预制构件外观不得存有对构件受力性能、安装性能、使用性能有严重影响的缺陷和尺寸偏差。

二、资料检查

（一）预制构件合格证

预制构件出厂应带有证明其产品质量的合格证，预制构件进场时由构件生产单位随车人员移交给施工单位。无合格证的产品，施工单位应拒绝验收，更不得在工程中使用。

（二）预制构件性能检测报告

梁板类受弯预制构件进场时应进行结构性能检验，检测结果应符合《混凝土结构工程施工质量验收规范》（GB 50204）中的相关要求。当施工单位或监理单位代表驻厂监督生产过程时，除设计有专门要求外可不做结构性能检验；施工单位或监理单位应在产品合格证上确认。

（三）拉拔强度检验报告

预制构件表面预贴饰面砖、石材等饰面材料与混凝土的粘接性能应符合设计和现行有关标准的规定。

三、外观质量检查

预制构件进场时，应由施工单位会同构件厂、监理单位联合进行进场验收。参与联合验收的人员主要包括：施工单位工程、物资、质检、技术人员，构件厂代表，监理工程师。

（一）整体外观检查

预制构件的混凝土外观质量不应有严重缺陷，且不应有影响结构性能和安装、使用功能的尺寸偏差。预制构件进场时外观应完好，其上印有构件型号的标识应清晰完整，型号种类及其数量应与合格证上一致。对于外观有严重缺陷或者标识不清的构件，应立即退场。

（二）粗糙面检查

粗糙面是采用特殊工具或工艺形成预制构件混凝土凹凸不平或骨料显露的表面，是实现预制构件和后浇筑混凝土可靠结合的重要控制环节。

（三）构配件检查

预制构件上的预埋件、预留插筋、预留孔洞、预埋管线等规格型号、数量应符合要求。以上内容与后续的现场施工息息相关，施工单位相关人员应全数检查。

（四）外形尺寸检查

预制板类、墙板类、梁柱类构件外形尺寸偏差和检验方法应符合国家规范的规定。检查数量：按照进场检验批，同一规格（品种）的构件每次抽检数量不应少于该规格品种数量的5％且不少于3件。

（五）灌浆孔检查

检查时，可使用细钢丝从上部灌浆孔伸入套筒，如从底部伸出并且从下部灌浆孔可看见细钢丝，即畅通。构件套筒灌浆孔是否畅通应全数检查。

第三节　预制构件现场安装质量控制

现场各施工单位应建立健全质量管理体系，确保质量管理人员数量充足、技能过硬，质量管理流程清晰、管理链条闭合。应建立并严格执行质量类管理制度，规范施工现场行为。

一、预制构件试安装

装配式结构施工前，应选择有代表性的单元板块进行预制构件的试安装，并根据试安装结果及时调整完善施工方案。

二、测量的精度控制

为达到构件整体拼装的严密性，避免因累计误差超过允许偏差值而使后续构件无法正常吊装就位等问题的出现，吊装前须对所有吊装控制线进行复检，构件安装就位后须由项目部质检员会同监理工程师验收构件的安装精度。在施工过程中，要加强对层高和轴线以及净空平面尺寸的测量复核工作。在底部结构正式施工前，必须布设好上部结构施工所需的轴线控制点。在底层轴线控制点布设后，用线锤把该层底板的轴线基准点引测到顶板施工面，观测孔位预留正确是确保工程质量的关键。

三、灌浆料的制备

（1）灌浆施工前对操作人员进行培训，通过培训增强操作人员对灌浆质量重要性的认识；另外，通过工作人员灌浆作业的模拟操作培训，规范灌浆作业操作流程，熟练掌握灌浆操作要领及其控制要点。

（2）灌浆料的制备要严格按照其配比说明书进行操作，建议用机械搅拌。搅拌地点应尽量靠近灌浆施工地点，距离不宜过长；每次搅拌量应视使用量多少而定，以保证30min以内将料用完。

（3）拌制专用灌浆料应先进行浆料流动性检测，留置试块，然后才可进行灌浆。检测不合格的灌浆料则应重新制备。

（4）砂浆封堵24h后可进行灌浆，拟采用机械灌浆。浆料从下排灌浆孔进入，灌浆时先用塞子将其余下排灌浆孔封堵，待浆料从上排出浆孔溢出后将上排进行封堵，再继续从下排灌浆至无法灌入后用塞子将其封堵。注浆要连续进行，每次拌制的浆料需在30min内用完，灌浆完成后24h之内，预制构件不得受到扰动。

四、套筒灌浆施工

（1）单个套筒灌浆采用灌浆枪或小流量灌浆泵；多接头连通腔灌浆采用配套的电动灌浆泵。灌浆完成，浆料凝固前，巡检已灌浆接头，填写记录，如有漏浆及时处理；灌浆料凝固后，检查接头充盈度。

（2）一个阶段灌浆作业结束后，应立即清洗灌浆泵。

（3）灌浆泵内残留的灌浆料浆液如已超过30min（自制浆加水开始计算），除非有证据证明其流动度能满足下一个灌浆作业时间，否则不得继续使用，应废弃。

（4）现场存放灌浆料时需搭设专门的灌浆料储存仓库，要求该仓库防雨、通风，仓库内搭设放置灌浆料存放架（离地一定高度），使灌浆料处于干燥、阴凉处。

（5）与灌浆料接触的构件表面用水润湿且无明显积水，保证灌浆料与其接触构件接缝严密，不漏浆。

五、安装精度控制

（1）安装施工前应按工序要求检查核对已施工完成结构部分的质量，测量放线后，做好安装定位标志。

（2）注意预制构件吊装校核与调整：预制墙板、预制柱等竖向构件安装后应对安装位置、安装标高、垂直度、累计垂直度进行校核与调整；预制叠合类构件、预制梁等横向构件安装后应对安装位置、安装标高进行校核与调整；相邻预制板类构件，应对相邻预制构件平整度、高差、拼缝尺寸进行校核与调整；预制装饰类构件应对装饰面的完整性进行校核与调整。

六、结合面平整度控制

（1）预制墙板与现浇结构表面应清理干净，不得有油污以及浮灰等杂物，构件剔凿面不得有松动的混凝土碎块和石子。

（2）墙板找平垫块宜采用螺栓垫块，找平时直接转动调节螺栓，对齐找平。

（3）严格控制混凝土板面标高，误差控制在规定范围内。

七、后浇混凝土施工

装配式混凝土构件之间连接可采用干式连接或湿式连接，通过后浇混凝土实现构件连接。后浇部位施工质量控制主要包括对后浇部位钢筋绑扎、模板支设、混凝土浇筑等环节的控制。

（1）混凝土浇筑前，模板或连接缝隙用海绵条封堵。

（2）与预制墙板连接的现浇短肢剪力墙模板位置、尺寸应准确，固定牢固，防止偏位。

（3）宜采用铝合金模板，并使用专用夹具固定，提高混凝土观感质量。

八、外墙板接缝防水控制

（1）所选用防水密封材料应符合相关规范要求。

（2）拼缝宽度应满足设计要求。

（3）宜采用构造防水与材料防水相结合的方式，且应符合下列规定。

① 构造防水。

a.进场的外墙板，在堆放、吊装过程中，应注意保护其空腔侧壁、立槽、滴水槽以及水平缝等防水构造部位。

b. 在竖向接缝合拢后，其减压空腔应畅通，竖向接缝封闭前，应先清理防水槽。

c. 外墙水平缝应先清理防水空腔，在空腔底部铺放橡塑型材，并在外侧封闭。

d. 竖缝与水平缝的勾缝应着力均匀，不得将嵌缝材料挤进空腔内。

e. 外墙十字缝接头处的塑料条应插到下层外墙板的排水坡上。

② 材料防水

a. 墙板侧壁应清理干净，保持干燥，然后刷底油一道。

b. 事先应对嵌缝材料的性能、质量和配合比进行检验，嵌缝材料应与板材牢固粘接。

（4）套筒灌浆连接钢筋偏位控制

钢筋套筒灌浆连接钢筋偏位，会导致安装困难，影响连接质量。针对钢筋偏位应制订预案。现场出现连接钢筋偏位后，应按预案中要求进行处理，并形成处理文件，现场责任工程师、质检员、技术负责人、监理工程师共同签字确认。

防止钢筋偏位质量控制要点如下。

① 竖向预制墙预留钢筋和孔洞位置、尺寸应准确。

② 提高精度，保证预留钢筋位置准确。对于个别偏位的钢筋应及时采取有效措施处理，加强事前检查，对每一个套筒进行通透性检查，避免此类事件发生。

九、成品保护

（1）预埋件和连接件等外露金属件应按不同环境类别进行封闭或防腐、防锈、防火处理，并应符合耐久性要求。

（2）在装配式结构的施工全过程中应采取防止预制构件及预制构件上的建筑附件、预埋件、预埋吊件等损伤或污染的保护措施。

十、环境保护

装配式混凝土施工的环境保护重点在于施工现场道路、构件堆放地的现场清洁；施工过程中的各种连接材料、构件安装支撑材料的使用和拆除回收，主要注意以下几方面。

（1）现场各类预制构件应分别集中存放整齐，并悬挂标识牌，严禁乱堆乱放，不得占用施工临时道路，并做好防护隔离。

（2）夹心保温外墙板和预制外墙板内保温材料，采用粘接板块或喷涂工艺的保温材料，其组成原材料应彼此相容，并应对人体和环境无害。

（3）预制构件施工中产生的黏结剂、稀释剂等易燃、易爆化学制品的废弃物应及时收集送至指定储存器内并按规定回收，严禁丢弃未经处理的废弃物。

第四节 装配式混凝土施工质量验收

装配式混凝土施工质量验收主要包括验收程序、验收的内容和执行的标准以及相关质量验收的规定。

一、验收程序

（1）装配式混凝土建筑施工应按现行国家标准《建筑工程施工质量验收统一标准》（GB 50300）的有关规定进行单位工程、分部工程、分项工程和检验批的划分和质量验收。检验批及分项工程应由监理工程师组织施工单位项目专业质量负责人等进行验收。分部工程应由总监理工程师组织施工单位项目负责人和技术、质量负责人等进行验收；地基与基础、主体结构分部工程的勘察、设计单位工程项目负责人和施工单位技术、质量部门负责人也应参加相关分部工程验收。单位工程完工后，施工单位应自行组织有关人员进行检查评定，并向建设单位提交工程验收报告。建设单位收到工程报告后，应由建设单位项目负责人组织施工（含分包单位）、设计、监理、勘察等单位进行单位工程验收。根据装配式施工特点及穿插流水施工需要，应与行业监督部门沟通协调，分段验收。

（2）装配式结构现场施工中涉及的装修、防水、节能及机电设备等内容，应分别按装修、防水、节能及机电设备等分部或分项工程的验收要求执行。

（3）装配式混凝土结构应按混凝土结构子分部工程进行验收；当结构中部分采用现浇混凝土结构时，装配式结构部分可作为混凝土结构子分部的分项工程进行验收。装配式混凝土结构按子分部工程进行验收时，可划分为预制构件模板、钢筋加工、钢筋安装、混凝土浇筑、预制构件、安装与连接等分项工程，各分项工程可根据与生产和施工方式相一致且便于控制质量的原则，按进场批次、工作班、楼层、结构缝或施工段划分为若干检验批。

装配式混凝土结构子分部工程的质量验收，应在相关分项工程验收合格的基础上，进行质量控制、资料检查及观感质量验收，并应对涉及结构安全、有代表性的部位进行结构实体检验。分项工程的质量验收应在所含检验批验收合格的基础上，进行质量验收记录检查。

二、验收内容及标准

装配式混凝土工程质量验收的内容和标准主要包括：

（1）预制构件临时固定措施应符合设计规定、专项施工方案要求及国家现行有关标准。

（2）工程应用套筒灌浆连接时，应由接头提供单位提交所有规格接头的有效型式检验报告。

（3）灌浆施工前，应对不同钢筋生产企业的进场钢筋进行接头工艺检验；接头工艺检验应符合下列规定。

① 灌浆套筒埋入预制构件时，工艺检验应在预制构件生产前进行；当现场灌浆施工单位与工艺检验时的灌浆单位不同时，现场灌浆前应再次进行工艺检验。

② 工艺检验应模拟施工条件制作接头试件，并应按接头提供单位提供的施工操作要求进行。

③ 每种规格钢筋制作 3 组套筒灌浆连接接头，并应检查灌浆质量。

④ 采用灌浆料拌合物制作的 40mm×40mm×160mm 试件不应少于 1 组。

⑤ 接头试件及灌浆试件应在标准养护条件下养护 28d。

⑥ 每个钢筋套筒灌浆连接接头的抗拉强度不应小于连接钢筋抗拉强度标准值，且破坏时应断于接头外钢筋；每个钢筋套筒灌浆连接接头的屈服强度不应小于连接钢筋屈服强度标准值；3 个接头试件残余变形的平均值应符合《钢筋套筒灌浆连接应用技术规程》（JGJ 355）

中的有关规定；灌浆料抗压强度应符合《钢筋套筒灌浆连接应用技术规程》（JGJ 355）中规定的28d强度要求。

⑦ 接头试件在量测残余变形后可再进行抗拉强度试验，并应按现行行业标准《钢筋机械连接技术规程》（JGJ 107—2016）规定的钢筋机械连接型式检验中单向拉伸加载制度进行试验。

⑧ 第一次工艺检验中1个试件抗拉强度或3个试件的残余变形平均值不合格时，可再抽取3个试件进行复验，复验有不合格项则判为工艺检验不合格。

（4）采用钢筋套筒灌浆连接时，应在构件生产前进行钢筋套筒灌浆连接接头的抗拉强度试验。试验采用与套筒相匹配的灌浆料制作对中连接接头试件，抗拉强度应符合《钢筋套筒灌浆连接应用技术规程》（JGJ 355）的规定。

① 检查数量：同一批号、同一类型、同一规格的灌浆套筒，不超过100个为一批，每批随机抽取3个灌浆套筒制作对中连接接头试件。

② 检验方法：按现行国家标准《钢筋套筒灌浆连接应用技术规程》（JGJ 355）的相关规定执行。

（5）钢筋采用套筒灌浆连接、浆锚搭接连接时，灌浆应饱满、密实，所有出口均应出浆。

① 检查数量：全数检查。

② 检验方法：检查灌浆施工质量检查记录、有关检验报告。

（6）钢筋套筒灌浆连接及浆锚搭接连接用的灌浆料强度应满足设计要求，用于检验抗压强度的灌浆料试件应在施工现场制作。

① 检查数量：按批检验，以每层为一检验批；每工作班取样不得少于1次，每楼层取样不得少于3次。每组抽取1组40mm×40mm×160mm的试件，标准养护28d后进行抗压强度试验。

② 检验方法：检查灌浆料抗压强度试验报告及评定记录。

（7）预制构件底部接缝坐浆强度应满足设计要求。

① 检查数量：按检验批，以每层为一检验批；每工作班应制作一组且每层不应少于3组边长为70.7mm的立方体试件，标准养护28d后进行抗压强度试验。

② 检验方法：检查坐浆材料强度试验报告及评定记录。

（8）当施工过程中灌浆料抗压强度、灌浆质量不符合要求时，应由施工单位提出技术处理方案，经监理、设计单位认可后进行处理，经处理后的部位应重新验收。

① 检查数量：全数检查。

② 检验方法：检查处理记录。

（9）装配式结构采用现浇混凝土连接构件时，构件连接处后浇混凝土的强度应符合设计要求。

① 检查数量：同一配合比的混凝土，每工作班且建筑面积不超过1000m²应制作1组标准养护试件，同一楼层应制作不少于3组标准养护试件。

② 检验方法：检查混凝土强度报告。当叠合层或连接部位等后浇混凝土与现浇结构同时浇筑时，可合并验收。对有特殊要求的后浇混凝土应单独制作试块进行检验评定。

（10）钢筋采用焊接连接时，其接头质量应符合现行行业标准《钢筋焊接及验收规程》JGJ 18的规定。

① 检查数量：按现行行业标准《钢筋焊接及验收规程》（JGJ 18）的有关规定确定

② 检验方法：检查质量证明文件及平行加工试件的检验报告。考虑装配式混凝土结构中钢筋连接的特殊性，很难做到连接试件原位截取，故要求制作平行加工试件。平行加工试

件应与实际钢筋连接接头的施工环境相似，并宜在工程结构附近制作。

(11) 钢筋采用机械连接时，其接头质量应符合现行行业标准《钢筋机械连接技术规程》（JGJ 107）的规定。

① 检查数量：按现行行业标准《钢筋机械连接技术规程》（JGJ 107）的规定确定。

② 检验方法：检查质量证明文件、施工记录及平行加工试件的检验报告。

(12) 预制构件采用焊接、螺栓连接等连接方式时，其材料性能及施工质量应符合国家现行标准《钢结构工程施工质量验收标准》（GB 50205）和《钢筋焊接及验收规程》（JGJ 18）的相关规定。

① 检查数量：按现行标准《钢结构工程施工质量验收标准》（GB 50205）和《钢筋焊接及验收规程》（JGJ 18）的规定确定。

② 检验方法：检查施工记录及平行加工试件的检验报告。在装配式结构中，常会采用钢筋或钢板焊接、螺栓连接等"干式"连接方式，此时钢材、焊条、螺栓等产品或材料应按批进行进场检验，施工焊缝及螺栓连接质量应按现行标准《钢结构工程施工质量验收规范》（GB 50205）和《钢筋焊接及验收规程》（JGJ 18）的相关规定进行检查验收。

(13) 装配式结构施工后，其外观质量不应有严重缺陷，且不应有影响结构性能和安装、使用功能的尺寸偏差。

① 检查数量：全数检查。

② 检验方法：观察，量测；检查处理记录。

(14) 装配式结构施工后，预制构件位置、尺寸偏差及检验方法应符合设计要求。预制构件与现浇结构连接部位的表面平整度应符合规定。

检查数量：按楼层、结构缝或施工段划分检验批。在同一检验批内，对梁、柱和独立基础，应抽查构件数量的 10%，且不应少于 3 件；对墙和板，应按有代表性的自然间抽查 10%，且不应少于 3 间；对大空间结构，墙可按相邻轴线间高度 5m 左右划分检查面，板可按纵、横轴线划分检查面，抽查 10%，且均不应少于 3 面。

检验方法：观察，量测。

三、质量验收规定

对于装配式工程质量验收规定主要包括：

(1) 装配式混凝土结构子分部工程施工质量验收时，应提供下列文件和记录。

① 工程设计文件、预制构件深化设计图、设计变更文件。

② 预制构件、主要材料及配件的质量证明文件、进场验收记录、抽样复验报告。

③ 钢筋接头的试验报告。

④ 预制构件制作隐蔽工程验收记录。

⑤ 预制构件安装施工记录。

⑥ 钢筋套筒灌浆等钢筋连接的施工检验记录。

⑦ 后浇混凝土和外墙防水施工的隐蔽工程验收文件。

⑧ 后浇混凝土、灌浆料、坐浆材料强度检测报告。

⑨ 结构实体检验记录。

⑩ 装配式结构分项工程质量验收文件。

⑪ 装配式工程重大质量问题的处理方案和验收记录。

⑫ 其他必要的文件和记录。

（2）装配式混凝土结构子分部工程施工质量验收合格应符合下列规定。

① 所含分项工程质量验收应合格。

② 应有完整的质量控制资料。

③ 观感质量验收应合格。

④ 结构实体检验结果应符合《混凝土结构工程施工质量验收规范》（GB 50204）的要求。

（3）当混凝土结构施工质量不符合要求时，应按下列规定进行处理。

① 经返工、返修或更换构件、部件的，应重新进行验收。

② 经有资质的检测机构按国家现行相关标准检测鉴定达到设计要求的，应予以验收。

③ 经有资质的检测机构按国家现行相关标准检测鉴定达不到设计要求，但经原设计单位核算并确认仍可满足结构安全和使用功能的，可予以验收。

④ 经返修或加固处理能够满足结构可靠性要求的，可根据技术处理方案和协商文件进行验收。

（4）装配式混凝土结构子分部工程施工质量验收合格后，应将所有的验收文件存档备案。

<<<< **本章思考题** >>>>

1. 试件加工阶段质量控制包括哪些内容？

2. 预制构件外观检查包括哪些内容？

3. 装配式施工质量控制包括哪些内容？

4. 装配式施工验收程序是什么？

5. 装配式施工验收内容包括哪些？

6. 装配式混凝土结构子分部工程施工质量验收报告包括哪些内容？

第七章

装配式建筑施工与BIM技术

第一节　建筑信息模型技术简介

一、建筑信息模型的概念

　　建筑信息模型（Building Information Modeling）技术是基于三维建筑模型的信息集成和管理技术，其中信息是 BIM 的核心，基于 BIM 的数据及信息的封装与解析是相关应用的源头，以 BIM 数据为核心的业务管理体系可以对接物联网、大数据、运营维护开发等数据库的相关应用领域，可以使建设项目的所有参与方（包括政府主管部门、业主、设计、施工、监理、造价、运维管理、项目用户等）在项目从概念产生到完全拆除的整个生命周期内都能够在模型中操作信息和在信息中操作模型（见图 7.1），从而从根本上改变从业人员依靠符号、文字、图纸进行项目建设和运维管理的工作方式，实现在建设项目全生命周期内提高工

图 7.1　BIM 技术在建设项目中的作用

作效率和质量以及技术错误和风险的目标。

近年来，BIM 作为一种新的建筑信息化技术逐渐成为行业应用和研究热点，随着行业对建筑精细化程度要求的提高，BIM 技术的实际应用价值也逐渐被业界认可。

二、建筑信息模型的特点

（一）可视化

通过三维的立体实物模型，将项目设计、建造维护等整个建设过程直观地呈现出来。可视化的运用在建筑业的作用是非常大的，例如施工图纸只是各个构件的信息在图纸上的线条绘制表达，但是其真正的构造形式就需要建筑业参与人员去自行想象了。所以 BIM 技术提供了可视化效果，将以往的线条式的构件形成一种三维的立体实物图形展示在人们的面前，使建筑的细节和构造更加直观（图 7.2、图 7.3）。同时 BIM 技术提到的可视化是一种能够同构件之间形成互动性和反馈性的可视，在 BIM 模型中，由于整个过程都是可视化的，所以不仅可以用于效果图的展示及报表的生成，更重要的是，项目设计、建造、运维过程中的沟通、讨论、决策都在可视化的状态下进行。

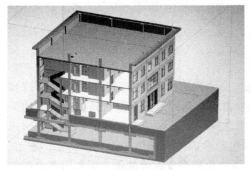
图 7.2　建筑可视化

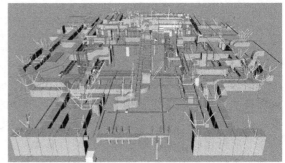
图 7.3　管线安装可视化

（二）协调性

对于工程建设项目而言，不管是施工单位还是业主及设计单位，无不在做着协调及相互配合的工作。一旦项目的实施过程中遇到了问题，就要将各有关人员组织起来开协调会，找出问题发生的原因及解决办法，然后作出变更，做相应补救措施等解决问题。在设计时，往往由于各专业设计师之间的沟通不到位，而出现各种专业之间的碰撞问题，例如暖通等专业中的管道在进行布置时，由于施工图纸是各自专业绘制在各自专业的图纸上的，在真正施工过程中，可能在布置管线时正好此处有结构设计的梁等构件会妨碍管线的布置。通过 BIM 的协调性就可以提前发现并处理这类问题，各专业通过一个建筑信息模型将建筑物的所有信息集成并进行分析，从而在建筑物建造前期即可对各专业的碰撞问题进行协调，生成协调数据，并进行优化（图 7.4）。

（三）模拟性

模拟性并不是只能模拟设计的建筑物模型，模拟性还可以模拟不能够在真实世界中进行操作的状态。在设计阶段，BIM 可以对设计上需要进行模拟的一些情形进行模拟试验，例如节能模拟、紧急疏散模拟、日照模拟、热能传导模拟等；进度和造价可以进行 5D 模拟

装配式建筑施工

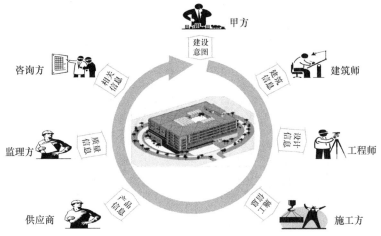

图 7.4　项目参建各方协调

（图 7.5），从而来实现成本控制；后期运维阶段可以模拟日常紧急情况的处理方式，例如消防人员疏散模拟等。

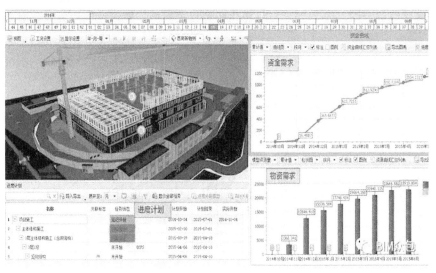

图 7.5　BIM 5D 系统

（四）优化性

整个设计、施工、运维的过程就是一个不断优化的过程。BIM 模型提供了建筑物的实际存在的信息，包括几何信息、物理信息、规则信息等。BIM 及与其配套的各种优化工具提供了对复杂项目进行优化的可能。如项目方案优化和特殊项目的设计优化，这些方面通常也是施工难度比较大和施工问题比较多的地方，通过对这些内容中的设计、施工方案进行优化，能实现显著的工期缩短和造价降低。如图 7.6 所示，BIM 对结构设计进行了优化。

（五）可出图性

对设计师而言，建筑信息模型就是设计成果，二维图纸及门窗表等都可以根据模型随时生成，这些源于同一数字模型的所有图纸、图表均相互关联，在实际生产中大大提高了项目

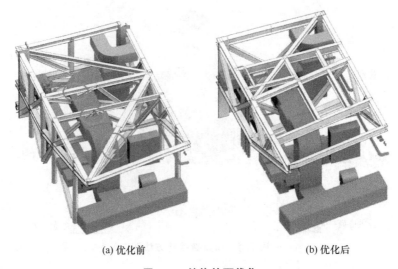

(a) 优化前　　　　　　　　　　　　(b) 优化后

图 7.6　结构的可优化

的工作效率，提高了出图的准确性。BIM 还能通过对建筑物进行可视化展示、协调、模拟、优化，出具管线综合图（图 7.7）、三维深化图等相关图纸，使设计表达更加详细准确。

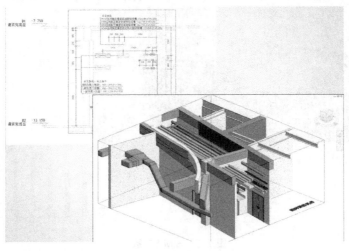

图 7.7　管线出图

正是 BIM 技术的这些特点，大大改变了传统建筑业的生产模式，使工程项目数据信息在规划、设计、施工和运营维护全过程中充分共享和无损传递，为各参与方的协同工作提供坚实的基础。

三、装配式建筑施工面临问题及 BIM 技术的作用

（一）面临问题

1. 构件加工制造方面

随着国家在装配式建筑领域制定的相关政策的实施，更多的企业开始重视建筑工业化的

转型，预制混凝土构件的生产加工工厂已逐步建立起来，但仍处于装配式发展的初级阶段，主要体现在以下几个方面。

（1）预制混凝土构件产品种类的不确定性

作为预制工厂在建设前，要对市场需求有一个全面科学的认识，产品品种合理选型和定位应满足市场需求。对产品的近期需求与中远期需求进行总体规划，才能保证其经济效益。

（2）机械化程度相对较低

部分预制加工工厂的制造方式仅仅简单地将工地的工作搬到了工厂车间内去完成，改变了工作场地和作业环境，实际生产效率不高，产品质量无法很好控制。

（3）生产自动化水平较低

在预制件的工厂化生产中引入机械化的方法虽然提高了工作效率，减少了不良产品的出现频率，但整个生产流程都是以工作站点式存在，各个站点之间协同困难。

（4）综合管理水平较低

预制件自动化的流水线目前已逐渐被各家预制加工工厂所引进和使用，其特点是使用相对较少的占地面积就能够达到较高效率，人工数量也大幅度减少，对于质量控制、安全管理等方面都有很好的表现，但在跨区域统筹管理方面存在诸多问题，急需解决。

目前大部分构件生产停留在工厂化和局部机械化的阶段，信息技术应用匮乏，因此预制构件加工效率较低，质量管理无法大规模管控，导致装配式建筑的优势不能完全显现。

2. 装配式建筑现场施工方面

（1）现场施工安装效率低

在施工安装技术、施工项目管理上，传统的现浇混凝土结构与装配式混凝土结构之间存在很大差异。装配式建筑的预制构件吊装、拼接过程比较复杂。装配式建筑需要科学合理地统筹布置安装过程，尤其是构件运输、储存管理、吊车垂直运输、作业面安装、构件临时固定等，这样才能减少人工作业，否则安装过程耗时过长，无法体现装配式建筑施工周期短的特点。

（2）施工管理水平有待提高

装配式建筑的实施对专业化的要求比较高，如构件工厂的生产专业化、构件配送的运输专业化技术人员的操作专业化以及配套的安装机械专业化，从设计到最后安装中的精确定位、吊装、拼接等各个工序对技术水平和管理水平的要求较为严格。由于装配式建筑的施工模式转变需要不断磨合，所以施工技术和管理水平有待提高。

（3）项目各参与方组织和协同程度不高

装配式建筑最终目标是实现建筑工业化，这就需要形成一个完整有效的系统，将建筑全生命周期的各个阶段进行融会贯通。不同于传统建筑，装配式建筑对工程项目各个环节以及各个参与方的协同程度要求较高，如果在某一个环节的信息传递出现差错，会造成造价上升、效率降低等后果。所以，项目各参与方组织和协同度不高也是影响我国装配式建筑发展的一个原因。

（二）BIM 技术的作用

在装配式建筑建造全过程中，BIM 技术应用（见图 7.8）中一个重要环节，是预制混凝土构件模型信息建立以及施工全流程中构件管理信息交互作用，对项目有效进行质量、进度、成本以及安全管理提供了重要支撑。

利用 BIM 在施工项目管理中独特的优势，与预制构件特有的生产模式相匹配，能够极大提高预制构件的生产效率，有效保证预制构件的质量、规格，其中 BIM 在构件生产中的作用主要体现在以下几方面：

（1）有利于预制构件的加工制作图纸内容理解与交底；

（2）有利于预制构件生产资料准备，原材料统计和采购，预埋设施的选型；

（3）有利于预制构件生产管理流程和人力资源的计划；

（4）有利于预制构件质量的保证及品控措施；

（5）有利于生产过程监督，保证安全准确；

（6）有利于计划与结果的偏差分析与纠偏；

BIM 技术不仅在构件生产中发挥作用，同时在施工、结构机电装修和 5D-BIM 管理的全流程中都起到至关重要的作用（见图 7.8）。

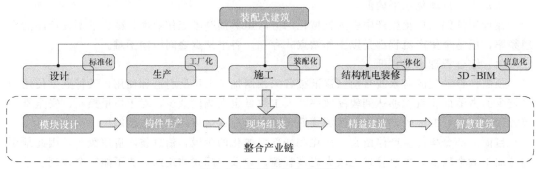

图 7.8　装配式建造全流程

第二节　BIM 技术在预制构件生产过程中的应用

利用工业化生产的方式来建造住宅，是装配式建筑的生产特点。混凝土预制构件关键技术及成套装备作为建筑工业化的基础环节，对 BIM 技术的研究开发将为实现建筑设计标准化和构件制造工厂化提供专业的技术及设备保障。将 BIM 技术可视化、参数化等优势，与预制构件生产加工流水线系统融合，在构件从原材料到成品出厂的生产流程中合理利用，可使生产更加高效、管理更加便捷。

一、利用 BIM 技术设计构件模板

所谓预制构件的模具，是以特定的结构形式使材料成型的一种产品，也是批量生产出具有一定形状和尺寸要求的工业产品零部件的一种生产工具。

视频：装配式生产线施工模拟

预制构件模具生产构件所具备的高精度、高一致性、高生产率是任何其他加工方法所不能比拟的。不同的工业化建筑成本，预制构件生产约占 70%，在预制构件的成本组成中，模具的摊销费用占 5%～10%，由此可见，模具的费用对于整个工业化建筑成本是非常重要的。拥有良好的模具设计，不仅可以减少工作量、节约时间，更可以节省成本开支。

生产效率对于预制构件厂而言是直接影响预制构件制造成本的关键因素，生产效率高，预制构件成本就低，反之亦成立。影响生产效率的因素很多，模具设计合理与否是关键要素，如果不能在规定的节拍时间内完成拆模、组模工序，就会导致多生产线处于停滞状态。

采用装配工法的工业化建筑较采用传统现浇工法的建筑的一个显著优点就是精度得到极大提升。混凝土成型完全依靠模具来实现。无论是已经发布的《结构技术规程》（JG 1—2014）还是地方标准，对预制构件生产无论是从成本角度、生产效率还是构件质量方面考虑，模具设计都是关键。模具设计师应考虑到模具的设计使用寿命、模具间通用性以及模具是否方便生产等。完成模具设计，需要同时综合考虑成本、生产效率和质量等因素，缺一不可。对于任何一个预制构件厂而言，控制好模具的加工质量，就能在预制构件的生产质量上先拔头筹。

通过 BIM 建模软件进行设计，发挥其三维可视化、精准化、参数化等优势，能够实现自行检查纠错。BIM 技术在预制构件模板工程中的作用体现在以下几个方面。

（一）模板成本控制

BIM 模型是参数化的模型，因此在建模的同时，各类构件就被赋予了尺寸、型号、材料等约束参数。BIM 技术可实现可视化设计环境反复验证和修改，由此导出的材料设备数据有很高的可信度，如材料统计功能、模板支架搭设汇总表功能，可按楼层、结构类别快速形成混凝土、模板、钢管、方木、扣件托等材料的统计用量。精确的材料用量计算，有效提高了工程成本管控能力。合理的材料采购、进场安排计划，有利于保障工程进度及成本控制。在工程预算中利用 BIM 模型导出的数据可以为造价控制、施工决算提供有利的依据。

（二）模板方案的编制和优化

装配式建筑模板的结构相对复杂，在编制模板方案时，充分利用 BIM 模型的三维图像，使其更加形象且直观。利用 BIM 虚拟模型进行模拟施工，能准确地验证模板工程安全方案编制的可行性、合理性，主要查看以下三点内容：原材料的选配，选用架种，构架对施工工程的适用情况。

（三）荷载取值

模板设计荷载取值主要涉及：支架上承荷载的确定；倾斜杆件的水平分力与其侧力作用的取值等。其中主要勘验荷载能否以最不利情形下取值，架体的构造与承、传、载体系的匹配。通过 BIM 模型，可进行 3D 可视化审核，审核人员会更专注于模板工程的设计合理性，将审核从文字、公式验算等工作中解脱出来，解决审核工作量大、与设计人员交流不顺畅、审核难度大、容易审核遗漏缺陷等问题；通过 BIM 模型三维显示效果，有助于技术交底和细部构造的显底内容；采用 BIM 模型对模板施工中所有可能发生情形的认知、安全措施、防护手段以及危险预演等预定的方案进行模拟，基于 BIM 技术的设计软件大大提升了建模及模型的应用效率，解决了过程设计过程中计算难、画图难、算量难、交底难等四个难题。BIM 技术在可视化、优化性等方面的创新，为模板工程的发展提供了技术支持，也为控制危险源和降低成本提供了新的技术手段。

二、BIM 技术在构件生产管理中的应用

（一）构件 BIM 信息的转换

该阶段作为建造管理的开始，首先对设计方传来的模型进行版本和信息完整性检

查。通过后，则需要进行模型数据转化，将设计阶段模型转换为建造管理模型，通常是一种模型轻量化操作。转换工作主要有两项：①结合整体项目模式确定接收 BIM 模型的方法，一般可以通过中间文件传递（例如 IFC），如果设计可以纳入建造管理环节，则可以通过设计端直接上传平台数据库的方式完成，这可以极大地提高 BIM 平台对数据管理的效率；②根据实际建造需求设计 BIM 模型的数据结构，确定模型转换接口的交付精度，管理模型信息过少或过多均会影响 BIM 管理系统的实际效率。完成数据转换后，系统将自动提取 BIM 模型数据信息，分析并生成装配构件的唯一识别号（ID）及相关属性信息。利用装配构件的 ID 信息，系统将根据构件生产进度或生产方提前录入的顺序自动生成构件标签。

（二）预制构件生产管理方式

运用 BIM 技术在前期深化设计阶段所生成的构件信息模型、图纸以及物料清单等，做好采购准备，制订生产计划数据，能够帮助构件生产厂商进行生产的技术交底安排，堆放场地的管理和成品物流计划，提前解决和避免了在构件生产整个流程中出现异常状况，BIM 设计信息导入中央控制室，通过明确构件信息表、产量排产负荷，进一步确定不同构件的模具套数、物料进场排产、人力及产业配置等信息。根据构件生产加工工序及各工序作业时间，按照项目工期要求，考虑现场构件吊装顺序排布构件装车计划和生产计划，制订排产计划。依据 BIM 提供的模型数据信息及排产计划，细化每天所需不同构件生产量、混凝土浇筑量、钢筋加工量、物料供应量、工人班组。对同一模台进行不同构件的优化布置，提高模台利用率，相应提高生产效率。设计人员将深化设计阶段完成后的构件信息传入数据库，转换成机械能够识别的数据格式，便进入构件生产阶段。通过程序控制实现自动化生产，减少人工成本、出错率以及提高生产效率和精确程度。利用 BIM 输出的钢筋信息，通过数控机床实现对钢筋的自动裁剪、弯折，然后浇筑、振捣，并自动传送进行养护。

三、BIM 在构件加工过程中的应用

在构件生产制造的阶段，为了实现构建模型与构建实体的对应和对预制构件的科学管理，项目计划采用 BIM 结合 RFID（射频识别技术）技术加强构件的识别性。所以构件生产阶段对每个构件进行 RFID 标签置入，模型与实际构件一一对应，项目参与人员可以对预制混凝土构件数据查询和更新。

无线射频识别（Radio Frequency Identification），是一种非接触式的自动识别技术，它通过射频信号自动识别目标对象并获取相关数据，识别工作无需人工干预，可适用于各种工作环境，RFID 技术可同时识别多个标签，操作快捷方便。近年来，随着物联网概念的兴起和传播，RFID 技术作为物联网感知层最为成熟的技术，再度受到了人们的关注，成为物联网发展的排头兵。以 RFID 系统为基础，结合现有的网络技术、数据库技术、中间件技术等，构筑由海量的阅读器和移动的电子标签组成的物联网，这已成为 RFID 技术发展的重要应用方向，根据不同的应用目的和应用环境，RFID 系统的组成会有所不同，但从 RFID 系统的工作原理来看，典型的 RFID 系统一般都由电子标签阅读器、中间件和软件系统这些部分组成，如图 7.9 所示。

RFID 具有扫描速度快，适应性好、穿透性好、数据存储量大等特点。建筑物生命周期的每个阶段都要依赖与其他阶段交换信息进行管理，对于装配式建筑相关信息的管理，应当

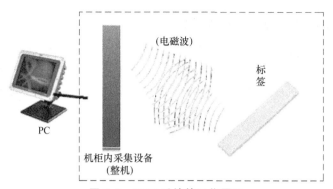

（电磁波）

标签

PC

机柜内采集设备
（整机）

图 7.9　RFID 系统的工作原理

能够跟踪每一个建筑构件整个生命周期。在 BIM 数据库和组件 RFID 标签中添加已有的项目参数数据，目标构件在生产制造期置入 RFID 标签，便于生产过程读取存储的数据，或在系统要求下修改成扫描数据。

　　RFID 和 BIM 的应用还有很多挑战需要面对，但是作为建筑行业技术发展的一个主流，随着相关技术的不断成熟，必然会在建筑行业掀起一场技术革命。

　　在构件生产的过程中，人员利用构件的数据直接进行制造，通过对生产构件进行实时检测与构件数据库中的信息不断校正，实现构件的信息化。已经生产的构件信息的录入对构件入库出库信息管理提供了基础，也使订单管理、构件出库、物流运输变得实时而清晰。

　　结合物联网 RFID 技术，通过移动终端，实时查看构件、部品件的生产、运输过程信息，实现设计、生产、装配全过程的信息共享和可追溯。

第三节　BIM 技术在装配式建造过程中的应用

　　BIM 技术在装配式建筑建造过程中的应用主要体现在施工准备阶段的应用、基于 BIM 的现场装配信息化管理、施工模拟在施工中的应用、BIM 技术在施工实施和竣工交付阶段的应用等方面。

一、BIM 技术在施工准备阶段的应用

（一）利用 BIM 技术对构件进行精细化管理

　　预制构件在施工现场进行有效装配是装配式建筑施工的一个主要任务，而 BIM 技术注重全寿命周期的信息管理，工程各阶段的信息传递与共享至关重要，因此，基于 BIM 技术进行施工阶段信息的采集与传递。经分析和优化后的 BIM 模型，结合施工单位的进度模拟，指导预制构件的生产和运输，预制构件在现场装配施工设计的 BIM 模型向实体建筑转化。实际施工过程中的信息必须上传到 BIM 模型中，实现信息共享才能实现工程的全寿命周期管理。因此，建立 BIM 模型和施工现场的预制构件间一一对应联系才是关键。

（二）BIM 装配式建造管理系统简介

BIM 建造管理的核心在于形成可视化信息管理平台。基于 BIM 技术的典型的装配式建造管理平台框架如图 7.10 所示。平台一般分为 6 个模块，分别是：项目管理、模型转换、识别管理，质量控制、进度追踪和实时状态。其中，识别管理和质量控制是整个建造过程成功管理的关键。

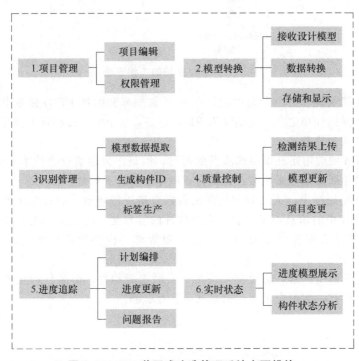

图 7.10　BIM 装配式建造管理系统主要模块

1. 项目管理

项目管理模块负责对建造过程中人员、构件和设备等基本信息进行统计和管理。该模块为业主、设计方、生产方和施工方分配相应权限，同时提供构件的属性信息和装配修改信息，这既能便于建造人员跟踪进度和质量等信息，也可以提高管理人员的管理效率。

2. 模型转换

模型转换模块负责设计阶段模型的对接和平台模型的管理。该模块首先承接设计阶段，接收设计模型等相关数据，然后将其转换为管理平台所需格式的模型数据。接收设计文件可以通过文件方式开发接口系统对接现行不同设计软件，也可通过进程间通信方式或网络接口通信方式实现。最后该系统将建造过程所需的模型进行三维显示，该过程中进行模型轻量化处理将有利于增加平台的灵活性和适用性。

3. 识别管理

识别管理模块负责构件的属性与识别的管理，包括提取建造过程中的管理模型、自动分配构件 ID 以及构件标签的生产。该模块通过向数据库提取管理模型，基于设定算法对模型中的构件进行自动 ID 分配和信息存储。标签即构件 ID 的物理载体，通常使用二维码或 RFID 等方式，该模块最终进行 ID 信息的实体化。

4. 质量控制

质量控制模块负责建造过程中构件质量和装配结果的检测。该部分对接激光扫描结果，基于设定阈值对被检测对象的质量进行分析判断。质量分析结果将被反映到管理平台的模型中，并通过系统内部分发给权限指定的相关建造人员和管理人员。相关人员可以协同生成变更数据，同时管理平台将更新项目建造计划。

5. 进度追踪

进度追踪模块负责收集构件的位置、状态和安装结果等信息。管理人员首先通过该模块对构件建造计划进行维护和管理，常规的建造计划主要是建造进度中的时间节点。该模块分别将计划和实际建造的状态信息添加到管理模型的属性信息中，进行管理。如果监测到进度异常，将自动向权限指定的相关建造人员和管理人员发送问题报告。

6. 实时状态

实时监控模块负责整体进度模型的展示和建造状态评估。该模块是最主要的进度展示模块，包括整体模型中全部构件的阶段进度、安装结果以及质量监测等信息。同时，该模块还将基于设定算法对目前整体的建造状态给出智能分析结果。

二、BIM 技术在现场装配信息化管理中的应用

随着计算机技术的发展，将 BIM 技术应用于装配式建筑，可以改善项目各参与方对装配式建筑施工过程的理解、对话、探索和交流，能够提高用户的工作效率，并改进改善生产作业方式。BIM 技术应用于装配式建筑施工过程中的各个环节，为建筑信息的集成与共享提供了可能，通过平台实现对建筑施工过程的信息进行集成化管理，包括信息的提取、插入、更新和修改，改变了传统建筑业的管理方式。基于 BIM 技术能够解决传统装配式建筑施工过程中各阶段、各专业之间信息不通畅、沟通不到位等问题，确保工程施工构件配送达到现场零库存的目标。

在施工过程中，通过对构件的预埋芯片或二维码标签，实现基于构件的，生产信息、运输信息、装配信息的信息共享，通过安装方案的制订，明确相对应构件的生产、装车、运输计划。依据现场构件吊装的需求和运输情况的分析，通过构件安装计划与装车、运输计划的协同，明确装车、运输构件类型及数量，协同配送装车、协同配送运输，保证满足构件现场及时准确的安装需求。装配式工程在实施过程中参与方较多，甚至出现多工种、多专业的同时相互交叉运作，故在施工前期对其场地进行合理的优化布置很有必要。场地合理的功能分区划分及布置，有利于后期施工过程的准确高效进行。BIM 技术在此方面的应用主要体现在：通过已经建立好的 BIM 模型对施工平面组织、材料堆场、现场临时建筑及运输通道进行模拟，调整建筑机械（塔式起重机、施工电梯）等安排；利用 BIM 模型分阶段统计工程量的功能，按照施工进度分阶段统计工程量，计算体积，再将建筑人工和建筑机械的使用安排结合，实现施工平面、设备材料进场的组织安排。具体的应用体现在：

（1）通过 BIM 模型分析各建筑以及机械之间的关系，分阶段统计出现场材料的工程量，合理安排该阶段材料堆放的位置和堆放所需的空间，有利于现场施工流水段顺利进行机械运输（包括塔式起重机、施工电梯）。

（2）塔式起重机安排，在施工平面中，以塔式起重机半径展开，确定塔式起重机吊装范围。通过四维施工模拟施工进度显示整个施工进度中塔式起重机的安装及拆除过程，与现场塔式起重机的位置及高度变化进行对比。

（3）施工电梯的安排应结合施工进度，利用 BIM 模型分阶段备工备料，统计出该阶段材料的量，加上该阶段的人员数量，与电梯运载能力对比，科学计算完成的工作量。

（4）在施工前对场地进行分析及整体规划，处理好各分区的空间平面关系，从而保障施

工组织流程的正常推进及运行。施工场地规划主要包括承包分区划分、功能分区划分、交通要道组织等。通过三维高度可视化的展示，工程各个阶段总平面，对各功能区的（构件及材料堆场、场内道路、临建等）动态优化配置进行可视化管理。

三、装配式现场施工关键工艺展示

视频：装配式
施工模拟

对于工程施工的关键部位，如预制关键构件及部位的拼装，其安装相对比较复杂，因此制订合理的安装方案非常重要，正确的安装方法能够省时省力，传统方法只有工程实施时才能得到验证，容易造成二次返工等问题。同时，传统方法是施工人员在完全领会设计意图之后，再传达给建筑工人，相对专业性的术语及步骤对于工人来说难以完全领会。基于 BIM 技术，能够提前对重要部位的安装进行动态展示，提供施工方案讨论和技术交流的虚拟现实信息，基于 BIM 的装配式结构设计方法中调整优化后的 BIM 模型可用于指导预制构件的生产和装配式结构的施工。掌握 BIM 模拟施工节点基于综合优化后的 BIM 模型，也可对构件吊装、支撑、构件连接、安装以及机电其他专业的现场装配方案进行工序及工艺的模拟及优化。

四、装配现场的进度信息化管理

（一）进度信息化管理方法

基于 BIM 技术的装配式工程施工进度可视化模拟过程实质上是一次根据施工实施步骤及时间安排计划对整体建筑、结构进行高度逼真的虚拟建造过程，根据模拟情况，可对施工进度计划进行检验，包括是否存在、时间冲突、人员冲突及流程冲突等不合理问题，并针对具体冲突问题，对施工进度计划进行修正及调整。计划施工进度模拟是将三维模型和进度计划集成实现基于时间维度的施工进度模拟，可以按照天、周、月等时间单位进行项目施工进度模拟，对项目的重点或难点部分进行细致可视化模拟，进行诸如施工操作空间共享、施工机械配置规划、构件安装工序、材料的运输堆放安排等。施工进度优化也是一个不断重复模拟与改进的过程，以获得有效的施工进度安排，达到资源优化配置的目的。通过将 BIM 与施工进度计划相链接，将空间信息与时间信息整合在一个可视的 4D（3D＋Time）模型中，可以直观、精确地反映整个建筑的施工过程。基于 BIM 的虚拟建造技术的进度管理，通过反复的施工过程模拟，让某些在施工阶段可能出现的问题在模拟的环境中提前发生，逐一修改，并提前制订应对计划，使进度计划和施工方案最优，使其达到前期指导施工、过程把控施工、结果校核施工，实现项目的精细化管理。为了有效解决传统横道图等表达方式的可视化不足等问题，基于 BIM 技术，通过 BIM 模型与施工进度计划的链接，将时间信息附加到可视化三维空间模型中，不仅可以直观、精确地反映整个建筑的施工过程，还能够实时追踪当前的进度状态，分析影响进度的因素，协调各专业，制订应对措施，以缩短工期、降低成本、提高质量。

目前常用的施工管理系统或施工进度模拟软件很多，其基本实施的过程大致可分为以下几个步骤：

（1）将 BIM 模型进行载入；

（2）编写施工计划进度表；

装配式建筑施工

（3）将计划进度表与 BIM 模型链接；

（4）制订构件运动路径，并与时间链接；

（5）设置动画视点并输出施工模拟动画。

（二）Navisworks 工具模拟进度

4D 施工模拟是在 3D 施工模拟的基础上加上时间轴，即进度信息，能够更直观、全面地为用户提供施工信息。首先导入 Project 或者 Excel 文件，在 Timeliner 属性栏里找到数据源进行添加 Project 或者 Excel 文件，将计划进度表与 BIM 模型链接，把时间进度表与导入 Navisworks 的 NWC 格式文件的模型进行关联，从而与时间节点相对应，使实际现场项目施工时间和 Navisworks 模型相对应，制订构件运动路径，并与时间链接。

导入的模型文件进行模拟动画路径的编辑，建筑、结构可以按照自下而上或者逐层生长的方式进行路线的编辑，各专业模型依次进行编辑，最后编辑好的模型与时间点相对应，从而实现项目到指定的时间点的过程中，模型按照相应路径进行动态动画显示，利用 BIM 技术进行进度管理和进度的优化，以及现场结合 BIM 和移动智能终端拍照可以提升问题沟通效率，同时，加入时间的模型，能对施工现场的进度实现更好的调控，增强了应付突发状况的能力，确保建筑按时完工。

五、装配现场的商务合约和成本信息化控制

工程项目的成本控制与管理，是指施工企业在工程项目施工过程中，将成本控制的观念充分渗透到施工技术和施工管理的措施中，通过实施有效的管理活动，对工程施工过程中所发生的一切经济资源和费用开支等成本信息进行系统预测、计划、组织、控制、核算和分析等一系列管理工作，使工程项目施工的实际费用控制在预定的计划成本范围内。由此可见，工程施工成本控制贯穿于工程项目管理活动的全过程，包括项目投标、施工准备、施工过程、竣工验收阶段，其中的每个环节都离不开成本管理和控制。各分项工程或结构构件的工程造价以工程量为基本依据，工程量计算的准确与否，直接影响工程造价的准确性，以及工程建设的投资控制。工程量是施工企业编制施工作业计划，合理安排施工进度，组织现场劳动力、材料以及机械的重要依据，也是向工程建设投资方结算工程价款的重要凭证。传统算量方法依据施工图（二维图纸）计算，存在工作效率较低、容易出现遗漏，而使用 BIM 模型来取代图纸，直接生成所需材料的名称、数量和尺寸等信息，系统能识别 BIM 模型中的不同构件，并自动提取建筑构件的清单类型和工程量（如体积，质量，面积、长度等）等信息，自动计算建筑构件的资源用量及成本，用以指导实际材料物资的采购，而且 BIM 技术对于图纸的信息将始终与设计保持一致，在设计出现变更时，该变更将自动反映到所有相关的材料明细表中，所有构件信息也会随之变化。

通过 BIM 技术可以实现主分包合同信息的关联，工程合同管理是对项目合同的策划，包括签订、履行、变更以及争端解决的管理，合同管理伴随着整个项目全生命周期的信息传递和共享。对于合同中进度款的申请与支付方面，传统模式下工程进度款申请和支付结算工作较为繁琐，基于 BIM 技术能够快速准确地统计出各类构件的数量，减少预算的工作量，且能形象、快速地完成工程量拆分和重新汇总，为合同中工程进度款结算工作提供有力支持。

六、装配现场质量管理

在工程建设中，无论是勘察、设计、施工还是机电设备的安装，影响工程质量的因素主要有"人、机、料、法、环"等五大方面，即：人工、机械、材料、方法、环境。所以工程项目的质量管理主要是对这五个方面进行控制。工程实践表明，由于受实际条件和操作工具的限制，这些方法的理论作用只能得到部分发挥，甚至得不到发挥，影响了工程项目质量管理的工作效率，造成工程项目的质量目标最终不能完全实现。工程施工过程中，施工人员专业技能不足、材料使用不规范、不按设计或规范进行施工、不能准确预知完工后的质量效果、各个专业工种相互影响等问题对工程质量管理带来困难。BIM 技术的引入不仅提供一种"可视化"的质量管理模式，而且能够充分发挥传统技术的潜在能量，使其更充分、更有效地为工程项目质量管理工作服务。传统的二维管控质量的方法是将各专业平面图叠加，结合局部剖面图，设计审核校对人员凭经验发现错误，难以全面分析，而三维参数化的质量控制，是利用 BIM 模型，通过计算机自动实时检测管线碰撞，精确性高。在基于 BIM 技术的工程项目产品质量管理方面，由于 BIM 模型储存了大量的建筑构件、设备信息，通过 BIM 软件平台，可快速查找所需的材料及构配件信息、规格、材质、尺寸要求等，并可根据 BIM 设计模型实现对现场施工作业产品的追踪、记录与分析，掌握现场施工的不确定因素，避免不良后果的出现。通过 BIM 的软件平台动态模拟施工技术流程，再由施工人员按照仿真施工流程施工，确保施工技术信息的传递不会出现偏差，避免实际做法和计划做法不一样的情况出现，保证施工质量。

七、装配现场安全管理

由于建筑施工生产的特殊性，工程施工具有其自身的特点。现在的建筑结构复杂、层数多，现场工艺、施工技术等方面不断更新，因施工现场条件多变，安全问题较多。施工项目体积庞大，从基础、主体到竣工，施工跨度长，且大约 70% 的工作需长时间露天进行，劳动者要在不同季节和不同环境中工作，工作条件相对差，加之电气、运输、起重、机械加工和防火、防毒、防爆等多工种交叉作业，使施工现场环境更加复杂。BIM 技术可以模拟在施工阶段的现场作业环境，并能够很好地对劳务人员安全疏散进行模拟。

基于 BIM 技术建立的施工现场的静态场景和动态场景，将动态场景中的施工场景抽离出来和疏散仿真技术相结合，建立施工人员安全疏散模型，将疏散模拟的结果进行分析并反馈到施工项目管理中，从而达到施工优化的目的。

八、装配现场绿色施工管理

绿色建筑是指在建筑的全寿命周期内，最大限度地节约资源、保护环境和减少污染，为人们提供健康、适用和高效的使用空间，以达到与自然和谐共生的建筑。在绿色建筑施工过程中 BIM 技术的出现同样也打破了业主、设计、施工、运营之间的界限，实现了对建筑全生命周期管理。BIM 技术能够助推各个环节达到绿色指标的要求。利用 BIM 模型对施工现场进行科学三维立体规划，可对板房、停车场、材料堆放场等构件均建立参数化可调族，配合施工组织进行合理的布置。随着工程的进展，施工场地规划可以进行相应的调整，完成各施工阶段不同材料堆放场地的规划，实现施工材料堆放场地"专时、专料、专用"的精细化管理，避免因工序工期安排不合理造成的材料、机械堆积或滞后，避免了有限场地空间的浪费，最大化利用现场的每一块空地。

绿色施工是一种理念，是一种管理模式，它与 BIM 技术相结合的管理方法主要体现在节地、节水、节材、节能与环境保护方面的具体运用。现阶段应逐步构建基于 BIM 技术的绿色施工信息化管理体系，不仅要充分利用 BIM 技术的优势，而且要融入绿色施工理念，实现绿色施工管理的目标。

第四节　BIM 技术与施工模拟

通过结合 BIM 技术和仿真技术进行数字化施工模拟，使各种施工环境、施工机械及人员等以模型的形式出现，以此来直观显现实际施工现场的施工布置、资源的消耗等。由于模拟的施工机械、人员、材料是真实可靠的，所以施工模拟的结果可信度很高。

（一）施工模拟的优势

施工模拟具有的优势主要体现在以下几个方面。

（1）先模拟后施工。在实际施工前对施工方案进行模拟论证，可观测整个施工过程，对不合理的部分进行修改，特别是对资源和进度方面实行有效地控制。

（2）协调施工进度和所需要的资源。实际施工的进度和所需要的资源受到多方面因素的影响，对其进行一定程度的施工模拟，可以更好地协调施工中的进度和资源使用情况。

（3）可靠地预测安全风险。通过施工模拟，可提前发现施工过程中可能出现的安全问题，并制订方案规避风险，同时减少了设计变更，节省了资源。

（4）确保施工进度。施工进度模拟的目的，在于总控时间节点要求下，以 BIM 方式表达、推敲、验证进度计划的合理性，充分准确显示施工进度中各个时间点的计划形象进度，以及对进度实际实施情况的追踪。通过将 BIM 与施工进度计划相关联，将空间信息与时间信息整合在一个可视的模型中，可以直观、精确地反映整个建筑的施工过程。施工模拟应用于项目整体建造阶段，真正地做到前期指导施工、过程把控施工、结果校核施工，实现项目的精细化管理。

（二）施工模拟的内容

1. 施工平面布置

施工平面布置应有条理，尽量减少施工用地占用，使平面布置紧凑合理，同时做到场容整齐清洁、道路畅通，符合防火安全及文明施工的要求。施工过程中应避免多个工种在同一场地、同一区域进行施工而相互牵制、相互干扰。施工现场应设专人负责管理，使各项材料、机具等按已审定的现场施工平面布置图的位置堆放。基于建立的 BIM 三维模型及搭建的各种临时设施，可以对施工场地进行布置，合理安排塔式起重机、库房、加工场地和生活区等的位置，合理规划和优化现场施工场地平面布置问题。

2. 编制专项施工方案

通过 BIM 技术指导编制专项施工方案，可以直观地对复杂工序进行分析，将复杂部分简单化、透明化，提前模拟方案编制后的现场施工状态，对现场可能存在的危险源、安全隐患、消防隐患等提前排查，对专项方案的施工工序进行合理排布，有利于增加方案的专项性、合理性。

编制过程中，运用 BIM 系统模型进行真实模拟，从中找出实施专项方案中的不足。在施工过程中，通过工艺的三维模拟，对施工操作人员进行可视化交底，使施工难度降到最低。通过 BIM 模型添加复杂节点的位置，节点展示配合碰撞检查功能，将大幅增加深化设计阶段的效率，同时为模型准确施工提供支持。

通过 BIM 模拟视频对现场施工技术方案和重点施工方案进行优化设计、可行性分析及可视化技术交底，进一步优化施工方案，提高施工方案质量，有利于施工人员更加清晰、准确地理解施工方案，避免施工过程中出现错误，从而保证施工进度、提高施工质量。

3. 装修一体化施工

土建装修一体化作为工业化的生产方式可以促进全过程的生产效率提高，将装修阶段的标准化设计集成到方案设计阶段，可以有效地对生产资源进行合理配置。整体卫生间等统一部品的 BIM 模拟安装，可以实现设计优化、成本统计、安装指导。将商品信息都集成到 BIM 模型中，为内装部品的算量统计及产业链中各参与方提供数据支持。对装修需要定制的部品和家具，可以在方案阶段就与生产厂家对接，使家具在工厂批量化生产，同时预留好土建接口，按照模块化集成的原则确保其模数协调、机电支撑系统协调及整体协调。为保证装修一体化施工效果，装修设计工作应在建筑设计时同期开展，合理划分为厨房模块、卫生间模块等功能区域。

4. 有效的碰撞检查

BIM 技术在碰撞检查中的应用可分为单专业的碰撞和多专业的碰撞，多专业的碰撞是指建筑、结构、机电专业间的碰撞；单专业的碰撞是因为构件管道过多，需要分组集合分别进行碰撞检查。装配式结构除跟现行结构一样可应用多专业的碰撞外，预制构件间的碰撞检查对 BIM 模型的检查也具有重要作用。预制构件在工厂预制，然后运输至施工现场进行装配安装，如果在施工过程中构件之间发生碰撞，需要对预制构件开槽切角，而预制构件在成型后不能随意开洞开槽，因此需要重新运输预制构件至施工现场，造成工期延误和经济损失。预制构件的碰撞主要是预制构件间及预制构件与现浇结构间的碰撞。所以在碰撞检查中 BIM 的优势和工作内容主要体现在以下几个方面。

（1）BIM 技术能将所有的专业模型都整合到一个模型中，然后对各专业之间以及各专业自身进行全面的碰撞检查。由于 BIM 模型是按照真实的尺寸构建的，所以在传统的二维设计图纸中不能展现出来的深层次问题在模型中均可以直观、清晰、透彻地展现出来。

（2）全方位的三维建筑模型可以在任何需要的地方进行剖切，并调整好该处的位置关系。

（3）BIM 软件可以全面检查各专业之间的冲突矛盾问题并反馈给各专业设计人员来进行调整解决，基本上可以消除各专业的碰撞问题。

（4）BIM 软件可以对各预制构件的连接进行模拟，如预制主梁的大小或开口位置不准确，将导致预制次梁与预制主梁无法连接，造成无法使用。

（5）可以对管线的定位标高明确标注，并且直观地看出楼层高度的分布情况，很容易发现二维图中难以发现的问题，间接地达到优化设计，控制碰撞现象的发生。

通过 BIM 技术，在装配式工程施工中改变传统的思路与做法，转由借助三维技术呈现技术方案，使施工重点、难点部位可视化，提前预见问题，确保工程质量，加快工程进度。

一、竣工交付阶段

建筑作为一个系统，当完成建造过程准备投入使用时，首先需要对建筑进行必要的测试和调整，以确保它可以按照当初的设计来运营。在项目完成后的移交环节，物业管理部门需要得到的不只是常规的设计图纸、竣工图纸，还需要得到能正确反映真实的设备状态、材料安装使用情况等与运营维护相关的文档和资料，BIM 能将建筑物空间信息和设备参数信息有机地整合起来，从而为业主提供完整的前期数据资料。

（一）目前存在的问题

竣工阶段主要存在着以下问题：一是使用功能方面的验收关注不够；二是验收过程中对整个项目的把控力度不大，如整体管线的排布是否满足设计、施工规范是否满足要求、是否美观、是否便于后期检修等，缺少直观的依据；三是竣工图纸难以反映现场的实际情况，给后期运维管理带来各种不可预见的问题。通过完整的、有数据支撑的、可视化竣工 BIM 模型与现场实际建成的建筑进行对比可以较好地解决以上问题。

（二）BIM 技术在竣工阶段的应用

BIM 技术在竣工阶段的具体应用包括：

（1）验收人员根据设计、施工阶段的模型，直观、可视化地掌握整个工程的情况。包括建筑、结构、水、暖、电等各专业的设计情况，既有利于对使用功能、整体质量进行把关，同时又可以对局部进行细致的检查验收；

（2）验收过程可以借助 BIM 模型对现场实际施工情况进行校核，譬如管线位置是否满足要求、是否有利于后期检修等；

（3）通过竣工模型的搭建，可以将建设项目的设计、经济、管理等信息融合到一个模型中，便于后期的运维管理单位使用，可以更好、更快地检索到建设项目的各类信息，为后续的运维管理提供有力保障。

二、运维阶段

运维管理阶段的主要工作是根据实际现场施工及竣工验收结果，搭建运维模型，以达到以下目的：

（一）模型维护

可进行虚拟漫游和三维可视化展示，方便沟通交流及信息传递；方便后期应用时进行建筑、市政管网、室内设施的维护管理。

（二）空间管理

空间管理包括租金、租期、物业信息管理等工作模型，导入专业运维管理软件获得实时更新的房间信息、设施设备信息的模型。

三、BIM 技术在装配式建筑中的发展对策

BIM 不单纯是软件，更重要的是一种理念，利用 BIM 构建数字化的建筑模型，用最先进的三维数字设计为建筑的建造过程提供解决方案，高效服务于装配式建筑决策、设计、施工、竣工验收运营维护等各个环节。

（一）理念创新

对于建筑项目的工程师来说，需要在决策阶段、设计阶段贯彻协同设计、可持续设计和绿色设计的理念，而不是仅仅把 BIM 技术作为实现从二维到三维甚至多维转变的设计工具。使用 BIM 技术最终目的是使整个工程项目在全寿命周期内能够有效地实现节约成本、降低污染、节省能源和提高效率。现在，这一理念已经成为国际建设行业可持续设计的里程碑，但是对于施工企业来说，信息化建设意识较为淡薄。建筑企业信息化的建设是国家建筑业信息化的基础之一，同时也是企业转型和升级的关键性工作，是企业在管理方面的新鲜事物。在实际工作中，企业的决策层、管理层对这项工作应给予大力的支持。

（二）加大投入

建筑企业开展信息化建设，需要有大量的资金投入，才能满足目前 BIM 技术所需要硬件的建设和软件的开发，特别是在企业的首期建设中，要通过机房的改造、重建，硬件的升级，软件的采购、开发等，才能够形成真正的企业信息系统并发挥其作用。

（三）人员需求

构件化的装配式设计流程、装配式的施工过程给设计、施工也提出了新的技术挑战，BIM 技术在装配式建筑中发挥了重要的作用，利用 BIM 技术可以实现对设计、构建、施工、运营的全专业管理，并为装配式建筑行业信息化提供数据支撑。掌握 BIM 技术、了解装配式建筑下的设计、施工工艺技术的专业技术人员数量要不断增加，才能实现企业信息化建设的需要。

（四）政策支持

对于建筑施工企业信息化的建设工作，政府和行业主管部门应增加政策扶持，但硬件升级、软件开发和系统维护等一系列资金投入仍由企业自筹；政府和行业在软件开发和标准制定等方面行动尚不到位，仅靠企业自身难以开发易用性能好、兼容度高、运行稳定的信息化软件。因此，随着 BIM 技术的不断发展，政府及行业主管部门应出台更实用的举措来促进和提升建设行业信息化的建设水平。

<<<< 本章思考题 >>>>

1. 建筑信息模型的概念是什么？

2. BIM 有什么特点？

3. BIM 在预制构件生产过程中有哪几方面的应用？

4. 什么是无线射频识别技术，在装配式建筑施工中有何应用？

5. BIM 技术如何实现装配式建筑施工现场的质量管理？

6. BIM 技术在装配式建筑施工中的发展趋势是什么？

第八章

高层装配式混凝土建筑施工实例

本章主要通过三个装配式混凝土建筑从设计加工到施工的全过程工程实例，以期达到对装配式建筑建造过程有一个总体认识的目的，重点对装配式施工环节的主要工艺作一个全面的介绍。

第一节 装配式混凝土项目实例一

一、工程基本情况

（一）工程概况

本工程概况见表 8.1、图 8.1。

表 8.1　工程概况

工程名称		17#～22#楼	
地下建筑面积/m²	1719.15	基础形式	平板式筏形基础
地上建筑面积/m²	20283.74	结构安全等级	二级
建筑高度/m	72.80	设计使用年限	50 年
层数	−2/25	抗震设防类别	标准设防
层高/m	2.9	抗震设防烈度	7 度
防火等级	地下一级 地上一级	地基基础设计等级	乙级
防水	地下	一级	结构形式	装配整体式剪力墙结构
	屋面	一级	结构抗震等级	二级

（二）工程质量管理目标

质量标准：符合《建筑工程施工质量验收统一标准》（GB 50300—2013）。

图 8.1　装配式高层建筑 17♯楼

（三）工期目标

计划工期：720 日历天。

计划开工日期为 2020 年 6 月 1 日，计划竣工日期为 2022 年 5 月 20 日。

（四）施工管理重点及方案针对性措施

施工管理重点及采取的措施见表 8.2。

表 8.2　施工管理重点及采取的措施

序号	施工重点	特点描述	采取的措施
1	施工总承包管理与协调	本工程体量大、投入施工人员机械设备多，多专业、多工种的交叉作业、立体作业情况多，必须采取有效措施，做好各专业分包的协调管理工作；场区面积大，现场展开作业面多，材料堆放多，专业队伍多，必须进行有效的规划，做好工程的现场布置与管理；设计协调、成品保护及施工资料、竣工资料的管理工作量大	设置总承包项目经理部，并专门设置分包协调管理部，以"公正""科学""统一""控制""协调"的总承包管理原则和完善的管理体系、务实的态度、周到的服务对分包进行全面的管理，确保不因管理问题影响安全、质量、工期等指标的完成
2	质量目标	本工程质量目标为合格，施工管理中将依据工程质量创优的标准展开相关工作	建立工程质量保证体系和"创优"领导小组，分别从事前、事中、事后进行质量控制；以分项目标保分部目标，以分部目标保工程总体目标；实行事前培训、交底和样板引路；加强事中控制，坚持过程精品，做好事后检查、管理与总结，实施精品管理，确保质量目标的实现
3	工期目标	工程计划工期为 720 日历天，包含两个冬期、两个雨期施工，冬歇及不可预见的各种因素对施工工期的影响、参建施工单位多等因素，都对工期的管理提出较高的要求	充分发挥公司项目管理和资源整合的优势，制订工期奖罚管理办法，实施精细的工期目标管理，采用先进的施工技术，组织平行施工，运用计算机信息化辅助管理等手段，通过加大资源投入，材料及机械设备等生产要素的配置，实行动态管理，确保如期完工

序号	施工重点	特 点 描 述	采取的措施
4	安全文明施工	工程体量较大,投入施工人员、机械设备较多,多工种交叉作业,立体作业,易出现各种安全隐患	确保安全生产是项目管理的重点,建立以项目经理为中心,并覆盖所有分包项目的安全施工保证体系。在整个施工过程中,分阶段进行危险源辨识,针对高空及交叉作业、临边防护、大型机械装拆、施工用电、消防、保卫、环境保护等制订应对措施及应急预案,确保安全文明管理目标的实现
5	深化设计	本工程涉及深化设计的专业较多(如装配式拆分、石材、幕墙、外墙精装修、消防报警系统、机电安装、电视电话网络系统、电子对讲门系统、电梯设备安装、安全防范系统、通风排烟系统等),工艺复杂,深化设计中各专业协调配合多,因此,施工过程中总包单位自身深化设计的能力和深化设计的管理协调显得尤为重要	在项目管理机构中设置技术质量部,配备专业工程师,采用 CAD、3DS MAX、BIM 等工程应用软件和三维虚拟施工技术进行各专业工程深化、优化设计,对二次设计的深化、优化进行全面的协调,并按经会审确认后的二次设计图进行各专业施工

二、施工部署

(一)原则

根据本工程的特点,本着先地下、后地上,先主体、后装饰,先土建、后安装的总原则,结合本工程的情况,合理划分三个关键施工段,进行穿插流水作业,确保各分部工程按总进度计划完成。第一关键施工段为土建结构施工。尤其是车库顶板及主楼正负零结构、主楼结构施工为施工关键环节,主体施工至 4 层时组织预制混凝土构件进场吊运安装,确保主体施工完成,为后续砌体、抹灰等工程的施工创造条件。第二个关键施工段为主体结构施工完成后尽快完成屋面机房层施工,为屋面工程以及外墙装饰提前穿插创造条件。第三个关键施工段为室内配管、厨卫间防水、外窗安装,尽快完成楼地面,确保精装饰的插入施工。

根据施工场地情况、现场交通条件、单层面积、后浇带的位置及施工区的划分和进度安排,本工程结构施工阶段投入 8 个专业劳务队施工。详细的施工平面布置见"施工平面布置图"。

(二)施工机械部署

根据工程特点和工期要求,本工程使用的大型机械主要包括塔吊、汽车吊、汽车泵、车载泵、施工升降机等。本工程基础、主体施工阶段主要安装 2 台 QTZ315 型、4 台 QTZ250 型塔吊及 1 台 QTZ50 型塔吊,负责现场的平面及垂直运输,砌体、装饰阶段主要采用 7 台 SC200/200 型施工升降机负责现场材料的垂直运输工作。图 8.2 为塔吊安装就位实景图。

图 8.2 塔吊安装就位

（三）关键线路

本住宅楼工程为平板式筏形基础及柱下独立基础，车库为独立基础加防水底板（抗浮锚杆）。开工后，降水工程和土方开挖工程同时开始施工，开挖过程中为保证地下水位线在开挖标高以下 $500 \sim 1500mm$，土方开挖至基底标高后，主楼进入垫层、基础结构施工，车库进行抗浮锚杆施工，抗浮锚杆施工完成后进入垫层、基础结构施工。楼座主体结构总体由西向东，同时展开施工。主楼分东西两个施工段组织流水施工；主体结构施工至十层时，完成施工电梯安装，二次结构开始插入，楼主体分四次验收。主楼分层验收后进行安装二次配管、抹灰、地面、外窗框安装工作，主楼封顶完成后，开始施工外窗及屋面工程，其中外窗提早达到封闭条件，为装修工程的全面展开创造条件；最后，机电设备安装、联合验收、竣工验收。

三、施工资源配置计划

1. 材料进场计划

根据施工图以及施工预算，同时进行工料分析，再根据施工进度计划，制订出各阶段材料需用计划。

2. 材料进场及验收

各施工阶段所需材料，分期分批组织材料进场，并按规定进行堆放和储存。材料进场后，应按规定进行验收和必须的见证取样试验，合格后方可用于工程中。

3. 主要工程材料投入计划

本工程的主要材料为混凝土、钢筋、模板、砌块，其中混凝土工程量约为 $83601m^3$，钢筋工程量约为 7430t，砌体工程量约为 $7494m^3$。主要材料进场日期详见表 8.3。

表 8.3　主要材料进场日期

序号	材料名称	进场日期	备注
1	混凝土	2018 年 6 月 1 日	陆续进场
2	钢筋	2018 年 6 月 1 日	陆续进场
3	预制混凝土构件	2018 年 8 月 5 日	陆续进场
3	砌块	2018 年 10 月 5 日	陆续进场

周转材料主要为模板、钢管及扣件等，其中模板展开面积约为 $178000m^2$，钢管投入总量约为 3500t，扣件投入总量约为 100 万个，模板可相应拼接周转，能满足现场流水施工进度要求。周转材料进场日期详见表 8.4。

表 8.4　周转材料进场日期

序号	材料名称	进场日期	备注
1	模板	2018 年 6 月 1 日	陆续进场
2	钢管	2018 年 6 月 1 日	陆续进场
3	扣件	2018 年 6 月 1 日	陆续进场

4. 材料供应保证措施

（1）项目部设立材料组，由经验丰富的材料员专项负责材料的采购、保管和发放等工作。

（2）项目部预先根据施工进度计划制订施工各阶段的材料需用量计划，要求材料组严格按计划进行采购和发放，并随时掌握现场材料消耗的情况，根据现场实际情况及时对材料计划进行调整和补充。

（3）选择信誉良好的材料供应商进行合作，签订适合现场需求的《材料供应合同》，要求严格按合同中的条款进行材料供应，确保材料的质量和及时供应。

（4）提前预算足够的资金，材料款专款专用，保证材料不因资金缺乏导致供应不及时而影响工程的进度。

（5）组织足够的运输工具，并保证材料运输通道畅通，保证及时将材料运到现场指定位置。

（6）为保证施工的连续性，施工现场应有一定数量的材料储备，以防止材料供应的脱节，特别是节假日期间，提前做好节假日期间的材料准备工作，避免延误工期。

（7）在地下结构底板施工阶段，混凝土浇筑量大，为了保证混凝土供应的及时和满足要求，需同时和多家混凝土原材料供应商签订供货合同，确保混凝土的及时供应。

（8）周转材料特别是脚手架用的钢管、扣件较多，通过调配从各个材料基地中集中大部分的材料，同时和材料租赁商洽谈合同，分区进行供应。钢管前期主要集中在地下室梁、板支撑架，在上部结构施工阶段因作业面积减小，故将剩余的钢管用作搭设外脚手架。

（9）加强材料的管理，及时进行验收工作，使已进场材料能及时投入使用。

5. 主要施工机械投入计划

本工程施工需用的机械设备有充足的来源，对提高机械化施工水平，加快施工进度，保证如期竣工交付具有充分的保障。

四、施工技术准备

施工技术准备阶段，主要完成以下几项工作。

（1）认真熟悉所有施工图纸及各有关技术资料，组织好施工图纸会审。

（2）制订详细深入且有针对性的各阶段施工组织设计，并且在施工前报请建设单位和监理工程师批准实施。

（3）根据由建设单位提供的定位轴线及水准高程控制点，由我项目部专职测量师进行复核，并根据主控轴线位置重新进行定位弹线。

（4）确定关键、特殊工序及质量控制点，制订相应的技术保证措施及质量保证计划，并及时做好对于施工班组的逐级交底以确保在施工中得以贯彻实施。

（5）拟投入的主要施工机械设备见表 8.5 和表 8.6。

表 8.5　拟投入本工程的主要施工设备表（土建）

序号	设备名称	型号规格	数量	产地	制造年份	额定功率/kW	生产能力	用于施工部位
1	挖掘机	320B	6	江苏	2014	58.8		基础土方
2	自卸汽车	12T	12	江苏	2013			基础土方
3	汽车泵	SY5271THB 38E	2	湖南	2014			混凝土浇筑
4	塔吊	QTZ315	2	辽宁	2018	90	3.0t/70m	基础、主体
5	塔吊	QTZ50	1	广西	2013	50	1.0t/50m	基础、主体

序号	设备名称	型号规格	数量	产地	制造年份	额定功率/kW	生产能力	用于施工部位
6	塔吊	QTZ250	4	山东	2015	90	3.0t/70m	基础、主体
7	砂浆机	UJW-200	3	江苏	2015	60	40m³/h	基础、主体
8	蛙式打夯机	HW60	6	湖南	2014	2.8	/	主体
9	电焊机	BX3-300-2	4	江苏	2014	23.4	/	基础、主体
10	切割机	J36-400A	4	四川	2014	3		基础、主体
11	钢筋切断机	Gj5-40	2	四川	2015	3.5		基础、主体
12	钢筋调直机	JK66	2	四川	2015	3.5	/	基础、主体
13	直螺纹套丝机	GSJ-40	2	吉林	2013	4		基础、主体
14	圆盘锯	MJ114	3	山东	2015	3		基础、主体
15	木工压刨	MB103	3	常州	2015	3		基础、主体
16	木工平刨	MB503A	3	常州	2015	3		基础、主体
17	插入振动器	PZ-50	4	常州	2014	1.5		基础、主体
18	插入振动器	PZ-30	4	山东	2014	1.2		基础、主体
19	平板振动器	HZ6X-50	4	山东	2014	1.1		基础、主体
20	电动试压泵	4D-SY40/25	2	山东	2013	3		基础、主体
21	交流电焊机	BX1-400	4	山东	2013	10		基础、主体
22	电动葫芦	3~20t	2	浙江	2013	3	/	主体
23	潜水泵	Φ100	4	山东	2014	1.5	扬程25m	基础、主体
24	翻斗车		6	山东	2015			主体、砌筑
25	砖车		6	山东	2015			砌筑
26	天宇GPS	C93T	1	四川	2015			测量定位
27	电子经纬仪	J2	2	上海	2014			测量定位
28	水准仪	S2	4	江苏	2014			测量标高

表 8.6 拟投入本工程的主要施工设备表（安装）

序号	设备名称	型号规格	数量	国别产地	制造年份	额定功率/kW	生产能力	用于施工部位
1	电焊机	BX3-300-2	4	中国江苏	2014	23.4	/	装饰
2	切割机	J36-400A	2	中国四川	2014	3		装饰
3	电动套丝机	1/2″-4″	4	中国浙江	2013	2.5		管道套丝
4	电锤	ZIC-JD-26	6	中国江苏	2014	0.5		墙面钻孔
5	台钻	Z512	5	中国上海	2015	1.2		法兰钻孔
6	砂轮切割机	J3G-100A	4	中国浙江	2014	0.6		切割钢管、角钢

序号	设备名称	型号规格	数量	国别产地	制造年份	额定功率/kW	生产能力	用于施工部位
7	热熔器		4	中国江苏	2015	2.5		PPR管热熔
8	钻孔机	手持1108	4	中国北京	2014	6.0		墙体钻孔
9	钻孔机	5G-200A	4	中国北京	2014	5.8		楼板钻孔
10	电动葫芦	3～20t	2	中国浙江	2013	3	/	装饰
11	剪板机	Q11	2	中国陕西	2014	3.6		风管制作
12	法兰机	YT-1.2*2000	2	中国山西	2014	10		风管制作
13	插入振动器	PZ-30	2	中国山东	2014	1.2	/	预留洞浇混凝土
14	平板振动器	HZ6X-50	2	中国山东	2014	1.1	/	预留洞浇混凝土
15	砖车		2	中国山东	2015			砌筑
16	电子经纬仪	J2	2	中国上海	2014			测量定位
17	水准仪	S2	4	中国江苏	2014			测量标高

（6）劳动力需求计划。工程中所需劳动力计划见表8.7。

表8.7 劳动力计划表

工种	按工程施工阶段投入劳动力情况				
	地下结构施工阶段	地上结构施工阶段	装修阶段	安装工程	竣工清理阶段
木工	80	60	20	0	0
架子工	50	55	30	15	0
混凝土工	50	40	15	0	0
防水工	30	30	30	15	0
钢筋工	100	80	15	0	0
焊工	25	25	20	15	0
瓦工	25	30	25	15	0
壮工	30	30	20	20	30
电工	25	30	30	40	15
水工	20	25	20	25	15
起重工	5	5	2	0	0
信号工	6	8	4	0	0
管道工	5	10	15	25	20
通风工	5	10	15	25	15
装饰工	0	0	40	25	20
测量工	6	6	6	4	0

（7）起重机械布置图，见图8.3。

装配式建筑施工

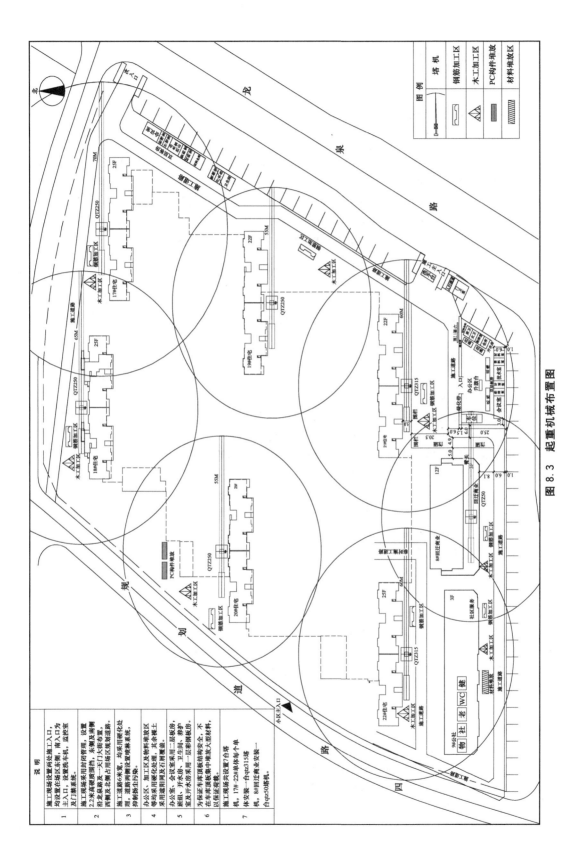

图 8.3 起重机械布置图

图 例

塔 机	
钢筋加工区	
木工加工区	
PC构件堆放	
材料堆放区	

说 明

1 施工现场设置两处施工入口，均设置在场区东侧，南入口为主入口，设置洗车机，监控室及门禁系统。

2 施工现场采用封闭管理，设置2.2米高砌块围挡，东侧及两侧沿龙泉路设一天门大街布置，西侧及北侧占用场区规划道路。

3 施工道路宽6米宽，均采用硬化处理，道路两侧设设置排水系统，抑制防生污染。

4 办公区、加工区及物料堆放区等均采用硬化处理，其余裸土采用遮阳网及石屑覆盖。

5 办公区、会议室采用二层板房，脏组、开水房、卫生间、养护室及开水房采用一层彩钢板房。

6 为保证车库顶板的安全，不在车库顶板集中堆放大型材料，以保证车库安全。

7 施工现场共设置7台塔机，17#-22#单体每个单体安装一台qtz315塔机，8#回迁商业安装一台qtz250塔机。

五、主要施工方法

(一) 部分现浇结构施工

1. 钢筋工程

本工程所使用的钢筋必须具备产品准用证、出厂质量证明书，按规范要求进行现场取样，经复试检验符合质量标准后，方可进行加工制作。钢筋按规格、种类分别堆放，并挂牌标明规格、种类、生产厂家、进场时间及检验状态，不合格的钢筋严禁使用，应立即退场。

对于按一、二、三级抗震等级设计的框架和斜撑构件（含梯段）中的纵向受力普通钢筋应采用带"E"的钢筋。其中框架包括：框架柱、框架梁、框支柱、框支梁、板柱-抗震墙的柱。

（1）钢筋连接

梁及柱子钢筋优先采用滚轧直螺纹机械连接或闪光焊接接头，采用滚轧直螺纹机械连接接头时，应符合国家现行标准《钢筋机械连接技术规程》（JGJ 107），楼板内的钢筋可采用绑扎接头。

（2）柱钢筋绑扎

按图纸要求间距，计算好每根柱箍的数量，先将箍筋套在下层伸出的搭接筋上，然后立柱子筋，柱竖向筋采用电渣压力焊焊接。

竖向钢筋的弯钩应朝向柱心，角部钢筋的弯钩平面与模板面夹角，对于矩形柱应为45°，截面小的柱，插入振动器时，弯钩和模板所成的角度不应小于15°。

箍筋的接头应交错排列垂直放置；箍筋转角与竖向钢筋交叉点均应扎牢（箍筋平直部分与竖向钢筋交叉点可每隔一根互成梅花式扎牢）。绑扎箍筋时，铁线扣要相互成八字形绑扎。

按已画好的箍筋位置线，将已套好的箍筋往上移动，由上往下绑扎，箍筋弯钩叠合处沿柱子竖筋交错布置，并绑扎牢固，箍筋末端作135°弯钩，弯钩平直段长度10d。柱筋保护层厚度为30mm，采用50mm×50mm水泥砂浆垫块绑在竖筋外皮上，间距1000mm。

下层柱的竖向钢筋露出楼面部分，宜用工具或柱箍将其收进一个柱筋直径，以利上层柱的钢筋搭接，当上下层柱截面有变化时，其下层柱钢筋的露出部分，必须在绑扎梁钢筋之前，先行放置准确。

（3）梁钢筋绑扎

梁内箍筋均采用封闭式，并作成135°弯钩。梁内第一根箍筋距柱边或梁边50mm起。主梁内在次梁作用处，箍筋应贯通布置，凡未在次梁两侧注明箍筋的，均在次梁两侧各设3组箍筋，箍筋同梁箍筋，间距50mm。主次梁高度相同时，次梁的下部纵向钢筋应置于主梁下部纵向钢筋上。梁的纵向钢筋需要设置接头时，底部钢筋应在支座处接头，上部钢筋应在跨中1/3跨度范围内接头。同一接头范围内的接头数量不应超过总钢筋混凝土数量的50%。悬挑梁端部设构造柱，柱顶标高为相应位置处墙顶。当悬挑长度大于1500mm时，应设弯筋。悬臂梁端部应有上部筋弯下。

剪力墙及框架柱插筋均同底层钢筋，插至基础底并平弯150°。框架梁中主筋为双排配置时，双排筋间设三级φ25@1000短垫筋。主次梁相交处除应设吊筋外，均在主梁上次梁两侧另设三根加密箍筋@50，直径同梁箍筋。

（4）板钢筋绑扎

清理模板上的杂物，用粉笔在板上划好底层筋间距，按划好的间距，先摆放受力主筋，后分布筋、预埋件、电线管、预留孔等及时配合安装。

双层钢筋之间及负弯矩筋与底板筋之间加设φ18马凳筋，间距1000mm，马凳筋下部用50mm×50mm的4mm厚塑料垫做垫片，以确保马凳钢筋部位在后期的涂料施工质量。负弯矩筋每个相交点均要全部绑扎。单向板沿板四周两排钢筋交叉点满绑，双向板钢筋交叉点均满绑。

2. 模板工程

模板的设计：为保证在预定工期目标内完成地上主体工程的施工任务，楼板支撑采用快拆体系，加快模板周转，拟配备两层顶板模板，满足工程施工工期需要。模板施工前，按混凝土断面尺寸、平面布局进行详细的侧压力计算，进行模板设计，并按设计加工的模板进行编号，按编号进行安装。

模板设计的原则：便于周转使用，能保证强度、刚度；适应性较快，拆装方便，满足吊装搬运，易于操作。

3. 混凝土工程

本工程混凝土采用商品混凝土。

（1）施工机械

混凝土罐车运输，汽车泵和塔机输送。

（2）混凝土浇筑前的准备工作

及时了解气象资料，协同甲方与供电、供水、环保、环卫、交通等部门取得联系，施工过程中确保混凝土浇筑的连续性。

混凝土所使用的水泥、粗骨料以及各种外加剂、掺和剂的检验与复检报告必须齐全。浇筑前必须完成技术交底，甲方、监理人员对需要隐蔽的部位进行验收，签好隐蔽验收记录。

检查模板及其支撑，钢筋、预留孔洞、预埋件等应进行交接检查及验收。混凝土结构施工必须密切配合各专业的设计要求，浇筑混凝土前仔细检查预埋件、预留孔洞、插筋及预埋管线等是否遗漏，位置是否正确，确保完全无误后方可浇筑混凝土。本工程的预埋件、预留洞应待核实无误后方可浇筑混凝土。安排振捣棒要充足，并配备一定数量的操作工进行混凝土表面的整平和覆盖养护工作。

（3）混凝土浇筑

浇筑混凝土时，应经常观察模板、支撑、钢筋、预埋件和预留孔洞的情况，当发现有变形、移位时，应立即停止浇筑，及时予以加固处理，再进行浇筑。

混凝土施工缝的留置部位：混凝土应连续浇筑，宜少留施工缝。施工缝浇注混凝土前应将其表面清理干净，涂刷净浆或混凝土界面剂后及时浇灌混凝土。主梁不留施工缝，次梁施工缝留在跨中1/3区段；悬挑梁与其相连的结构整体浇筑；单向板施工缝留在与主筋平行的任何位置或与受力筋垂直方向跨度的1/3区段；双向板施工缝在跨中的1/3处。柱施工位置可留在基础梁、基础的顶面，梁顶标高下20～30mm或留在梁板底标高处。施工中不得随意留设施工缝，特殊情况下，应征得设计单位同意。

试块制作：按规范规定要求制作，由专人负责在现场进行，并负责保管，及时对混凝土进行坍落度检查，不符合要求的严禁使用，为严格控制模板拆除时间，应按规范规定留置模板拆除混凝土试块。

（4）混凝土的振捣

混凝土浇筑分层厚度宜为300～500mm，当水平结构的混凝土浇筑厚度超过500mm时，可按1:6～1:10坡度分层浇筑，且上层混凝土应超前覆盖下层混凝土500mm以上。振捣混凝土时，振捣器插入点间距400mm左右，呈梅花形布点，并插入下层混凝土50mm。振捣时间宜为15～30s，且间隔20～30min后，进行第二次振捣。

（5）混凝土的养护

为保证已浇筑好的混凝土在规定龄期内达到设计要求的强度，防止产生收缩裂缝，混凝土应进行浇水养护，养护期应符合设计及规范规定。

框架柱采用不透气的塑料薄膜布养护，用薄膜布把混凝土表面敞露的部分全部严密地覆盖起来，保证混凝土在不损失水分的情况下，得到充足的养护。这种养护方法的优点是不必浇水，操作方便，能重复使用，能提高混凝土的早期强度。

4. 植筋施工

根据施工图纸设计，构造柱与楼板、梁连接，圈梁与混凝土墙、柱连接，砌筑墙拉结筋与混凝土墙、柱连接，后砌隔墙与梁或板拉结，均采用植筋的方法。本工程植筋胶选用国产锚固胶，锚固胶应有检验报告、胶黏剂中有害物质检测报告、产品合格证等资料。

在植筋大面积施工前，应先在现场做样品植筋，然后现场随机抽样，对厂家锚固胶锚固钢筋进行抗拔力测试，合格后方可大面积植筋。

（1）工艺流程

放构造柱线→画主筋位置线→钻孔→配锚固胶→植筋。

考虑楼板不同厚度，构造柱主筋及门框柱植筋长度为 $15d$，当楼板厚度不满足 $15d$ 时，楼板植筋孔贯通楼板，楼板上下各露出 600mm。拉结筋植筋深度为 $15d$。植筋孔径较钢筋直径大 4mm。

（2）施工工艺

① 清洁粘接面。施工时，粘接面必须无尘土、油污等污物，并保持干燥。钻孔后，孔内粉尘用毛刷及风机清理干净并保持孔内清洁干燥，钢筋表面除锈、去污保持清洁。

② 配胶。胶随用随配，胶与固化剂比例为（50~100）：1，充分混合均匀后使用。常温23℃下 10min 固化。

③ 涂胶。涂胶量应占孔体积的 1/2 以上，锚固钢筋粘接面涂抹胶后，插入孔内，稍加转动，排出内部空气，即可黏合在一起。注意在固化前，勿晃动锚固钢筋，以免影响锚固效果。

5. 轻集料混凝土自保温砌块施工

（1）工艺流程及操作要点

① 工艺流程。自保温砌块施工工艺流程见图 8.4。自保温砌块施工工艺流程和实景见图 8.5。

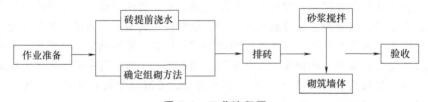

图 8.4　工艺流程图

② 测量放线。依据建筑图中的尺寸要求，从控制轴线引测出隔墙等位置控制线，门窗洞口、水电设备预留洞口的位置线、控制线测设完成后应经各专业人员复核后方可施工；依据结构施工时留设的标高控制点，并校核合格后作为各楼层的标高控制线。

③ 砌块湿度控制。混凝土制成的轻集料混凝土自保温砌块与一般烧结材料不同，通常表现为湿胀干缩。如果干缩变形过大，超过了砌块块体或灰缝所允许的极限变形，轻集料混凝土自保温砌块就会产生裂缝。因此，在用轻集料混凝土自保温砌块砌墙时，必须控制砌块上墙前的湿度，以免日后干燥时把墙拉裂。可在砌筑前 1d 喷水湿润。普通实心砖提前一天

图 8.5 自保温砌块

浇水湿润，含水率宜为 $10\%\sim15\%$。一般以水浸入砖四周 1.5cm 左右为宜，不得用干砖和含水率达到饱和状态的砖砌墙。

（2）混凝土墙体与砌筑墙体的拉结

在砖砌体与混凝土墙接触处，采用在混凝土墙体内预先植入拉接筋，拉接筋根据皮数杆上砌块灰缝位置设置，数量为 $2\phi6@400$。进入砌筑墙体长度 1000mm，如遇门窗洞口时在门窗洞口边切断。

植筋方法：采用电锤进行钻孔，孔的直径为 $d+5$mm，深度为 $12\sim15d$（d 为钢筋直径）；对打完的孔进行清碎屑处理（用气泵进行吹屑处理，如孔中有大的杂质或不净碎屑，用毛刷进行捅屑或去尘处理，然后再一次吹风处理，直到植筋孔中干净为止）；对所植钢筋进行除锈、去污处理，要把锚固端用钢丝刷去锈去污进行打磨，打磨端为 $12d$；所选用锚固胶必须为有效期内的合格产品，技术文件齐全，并按使用说明书的规定进行配置；在孔中填满结构黏结剂直到外溢为止；锚固钢筋 24h 后方可进行砌筑工作，在此期间需对再生钢筋的成品保护，避免人为破坏而松动。填充墙体拉结钢筋（后锚固）按规范要求进行抗拉拔试验。

（二）复合保温钢筋焊接网架混凝土剪力墙建筑体系（CL 建筑结构体系）施工

本建筑底部加强部位及相邻上一层（$\pm0.000\sim11.510$m）外墙为 CL 建筑结构体系。剪力墙部分为 200mm 厚剪力墙＋80mm 厚挤塑聚苯板＋60mm 厚混凝土保护层，填充墙部分采用 100mm 厚混凝土＋180mm 厚挤塑聚苯板＋60mm 厚混凝土保护层。

CL 墙板现浇部分应采用一级自密实混凝土，并应符合《自密实混凝土应用技术规程》（JGJ/T 283—2012）的规定。地下室及底部加强区及相邻上一层（标高 11.510m 以下）的构件均为现浇，标高 11.510m 以上为装配整体式（外墙墙身、大部分梁板、楼梯梯段、空调板等附属构件）。装配式起始位置应结合拆分设计图进行预件预埋、插筋预留工作。

本工程主体结构为 CL 网架钢筋混凝土结构，主体结构的主要施工工艺的控制，是主体工程施工的要点。

（1）CL 墙板施工工艺

CL 墙板备料、进场→混凝土垫块的安装→边缘构件（暗柱）钢筋绑扎→CL 墙板安装就位（放控制线、安装、固定）→CL 墙板周边钢筋连接及管线敷设→模板支设→两侧混凝土同时浇筑→模板拆除→混凝土养护。

（2）施工准备

① 施工前认真熟悉图纸，通过授课和现场参观学习的形式了解和熟悉 CL 墙板的技术规程、施工工艺和结点构造处理等技术要求。

② 施工人员应及时联系生产厂家的技术人员在先期提报计划和具体施工时进行技术指导。

③ 提前做好 C30 自密实混凝土的试配和开盘鉴定工作，并提供书面资料，为下步施工做好准备。

④ CL 墙板必须按照图纸和技术规程提报出供料计划。料单上必须根据 CL 墙板规格、尺寸、位置等标好编号。

（3）CL 墙板施工

① CL 墙板在运输过程中，严禁抛掷、任意踩踏。要按照施工使用的顺序放在干燥的平地上（先用的放在外边），采用斜立式存放或水平码放，底部应垫置同等规格的方木。当存放时间较长时，要做好防雨、防风措施。

② CL 墙板安装前应提前在两侧安装细石混凝土垫块，垫块呈矩形或梅花形均匀分布，间距不宜大于 500mm，宽度在 800mm 以下的 CL 墙板，可安装一块垫块。

③ CL 墙板应由具有一定安装经验的人员负责 CL 墙板的安装。CL 墙板安装前，放线人员必须提前放出墙板和暗柱及门窗洞口等各构件的轴线、边线和标高控制线。安装人员安装前必须对照图纸仔细核对 CL 墙板的型号和尺寸，确认无误后，方可开始安装。CL 墙板安装时要保证轴线和边线准确，尽量一次就位，避免二次安装造成 CL 墙板的变形和损坏。CL 墙板安装就位，确认型号、规格及位置准确无误后，要搭设临时支撑，以保证 CL 墙墙板的稳定性。

④ CL 墙板安装完毕后，水电及空调等安装人员进行预留预埋。

（4）模板工程

① 模板必须采用优质竹胶板或木胶板及优质方木制作，支撑系统要牢固，稳定性好。

② CL 墙板采用 C30 自密实混凝土浇筑，混凝土流动性较大，因此模板不得留有孔洞和缝隙，防止漏浆现象。

③ 模板安装前，在模板底部铺垫水泥砂浆或就位后在模板两侧抹水泥砂浆（水泥砂浆标号必须大于混凝土同标号水泥砂浆一个标号）。

④ 在柱梁或梁板接头处采用双面胶带或海绵条方式进行密封。

⑤ 模板拼缝必须严密，如不严密应采取粘贴胶带等密封措施。

⑥ 模板支模前，必须由专职质检员校核墙板的轴线尺寸是否正确，CL 墙板的规格是否与图纸相符，安装是否完整、到位，并在 CL 墙板两侧插入预制的长方体预制垫块。

⑦ 模板其他施工方法按照相关模板施工标准和工艺及施工规范进行施工。

（5）混凝土工程

① 混凝土浇筑前，应对进场的每批次混凝土的坍落度进行现场测试，必须满足坍落度（60s）：260～280mm。

② 由于 CL 建筑结构体系 CL 墙板的钢丝网片间距比较小，混凝土截面较小，混凝土浇筑时不采用插入式振捣浇筑。

③ 混凝土用料斗浇筑时，应使出料口和模板入口距离尽量减小，必要时可用串筒或溜槽（管），避免产生离析。浇筑时两侧应流量均衡地浇筑，并随时观察两侧混凝土浆面高差，高差不应超过 400mm。

④ 聚苯乙烯板自身强度低，浇筑时下料点选择在边缘构件处，以保护板不受破坏。

⑤ CL 建筑结构体系网架板钢丝纵横交错，常规振捣容易导致网架破损，因此为了增强

混凝土的密实，必须采用小型号振捣棒和皮锤，在浇筑的同时，从下到上振捣模板外侧，并用φ20螺纹钢筋进行适量插捣，插捣时要注意保护板。浇筑下窗口时要加强对模板的敲击，浇筑混凝土要从窗口的一侧进行浇筑，防止混凝土在窗口下堵气。

⑥ 由于截面较小，混凝土在拆模后，必须立即涂刷养护剂。

⑦ 其他施工方法按照相关混凝土施工标准和工艺及施工规范进行施工。

（6）脚手架工程

脚手架的搭设：主楼现浇部位－2层至4层采用落地式脚手架，装配部分采用爬升架（见图8.6）。

图8.6　装配式施工用爬升架

（三）装配式结构施工

1. 总则

（1）结构体系及抗震等级见表8.8。本工程为装配整体式剪力墙结构，地上四层及以下部分采用现浇混凝土，地上五层及以上采用装配式，其中外围剪力墙采用预制，内部竖向承重墙柱采用传统现浇，楼板及梁采用预制叠合做法，楼梯采用预制楼梯，内外填充墙采用预制叠合梁带预制混凝土隔墙。

表8.8　结构体系及抗震等级

楼　　号	结构体系	抗震等级	
		框架	剪力墙
17#	装配整体式剪力墙结构	二级	二级

（2）各单体预制包含构件种类主要包括：预制楼板；预制梁；预制楼梯；预制剪力墙。

2. 工程监理单位的作用

应对工程全过程进行质量监督和检查，并取得完整、真实的工程检测资料；本项目需要实施质量监督和检测的特殊环节有以下几个。

（1）预制构件在构件加工厂的生产过程（混凝土、钢筋、预埋件等）、出厂检验及验收环节。

（2）预制构件进入施工现场的质量复检。

（3）预制构件安装与连接的施工环节。

工程监理单位、施工承包单位、预制构件加工单位和深化设计单位、其他与工程相关的产品供应厂家，均应严格执行本说明的各项规定。

图 8.7　预制剪力墙实景图

预制剪力墙（图 8.7）相关构造要求：预制剪力墙开有边长小于 800mm 的洞口且在结构整体计算中不考虑其影响时，应沿洞口周边配置补强钢筋；补强钢筋的直径不应小于 12mm，截面面积不应小于同方向被洞口截断的钢筋面积；该钢筋自孔洞边角算起伸入墙内的长度，非抗震设计时不应小于 l_a，抗震设计时不应小于 l_{aE}。

3. 主要预制构件设计准则

（1）预制梁

预制梁与后浇混凝土叠合层之间的结合面应设置粗糙面；预制梁端面应设置键槽且宜设置粗糙面。键槽的尺寸和数量要满足《装配式混凝土结构技术规程》（JGJ 1—2014）第 7.2.2 条的规定计算确定；粗糙面的面积不宜小于结合面的 80%，预制梁端的粗糙面凹凸深度不应小于 5mm；叠合梁的箍筋配置应符合下列规定。

① 抗震等级为一、二级的叠合框架梁的梁端箍筋加密区宜采用整体封闭箍。

② 采用组合封闭箍的形式时，开口箍筋上方应做成 135°弯钩；非抗震设计时，弯钩端头平直段长度不应小于 5d（d 为箍筋直径）；抗震设计时，平直段长度不应小于 10d。现场采用箍筋帽封闭开口箍，箍筋帽宜一端做成 135°弯钩一端做成 90°弯钩；非抗震设计时，弯钩端头平直段长度不应小于 5d；抗震设计时，平直段长度不应小于 10d。

（2）预制板

预制板与后浇混凝土叠合层之间的结合面应设置粗糙面，粗糙面的面积不宜小于结合面的 80%，预制板的粗糙面凹凸深度不应小于 4mm。

叠合板（图 8.8）支座处的纵向钢筋应符合下列规定：

① 板端支座处，预制板内的纵向受力钢筋宜从板端伸出并锚入支承梁或墙的后浇混凝土中，锚固长度不应小于 5d（d 为纵向受力钢筋直径）或 100mm，且伸过支座中心线；

② 单向叠合板的板侧支座处，当预制板内的板底分布钢筋伸入支承梁或墙的后浇混凝土中时，应符合第①条的要求；当板底分布钢筋不伸入支座时，宜在紧邻预制板顶面的后浇混凝土叠合层中设置附加钢筋，附加钢筋截面

图 8.8　叠合板

面积不宜小于预制板内的同向分布钢筋面积，间距不宜大于 600mm，在板的后浇混凝土叠合层内锚固长度不应小于 15d，在支座内锚固长度不应小于 15d（d 为附加钢筋直径）且宜伸过支座中心线。

（3）单向叠合板板侧分离式接缝

宜配置附加拼缝钢筋，并应符合下列规定：

① 接缝处紧邻预制板顶面宜设置垂直于板缝的附加拼缝钢筋，附加拼缝钢筋伸入两侧后浇混凝土叠合层的锚固长度不应小于 15d（d 为附加钢筋直径），宜为 1.2L_a；

② 附加钢筋截面面积不宜小于预制板中该方向钢筋面积，钢筋直径不宜小于 6mm、间距不宜大于 250mm。

（4）桁架钢筋混凝土叠合板应满足下列要求：

① 桁架钢筋应沿主要受力方向布置；

② 桁架钢筋距板边不应大于 300mm，间距不宜大于 600mm；

③ 桁架钢筋弦杆钢筋直径不宜小于 8mm，腹杆钢筋直径不应小于 4mm；

④ 桁架钢筋弦杆混凝土保护层厚度不应小于 15mm。

（5）预制楼梯

本项目预制楼梯高端支承为固定刚接支座，低端支承为固定刚接支座；本项目预制楼梯应满足《装配式混凝土结构连接节点构造（2015 合订本）》(G310-1～2)；

（6）预制隔墙

采用预制混凝土隔墙。部分隔墙采用加气混凝土砌块。

4. 预制构件的生产、检验和验收

（1）预制构件生产应采用定型钢制模具，应确保模具的加工和组装精度，并根据构件加工过程中的误差分析，对模具、固定措施等进行调整。

（2）当预制构件中钢筋的混凝土保护层厚度大于 50mm 时，宜对钢筋的混凝土保护层采取有效的构造措施。

（3）预制构件与现浇结构相邻部位 200mm 宽度范围内的平整度应从严控制，不得超过 1mm。

（4）预制构件外露表面应光洁平整，应严格控制表面气孔的数量；不得出现缺棱、掉角、蜂窝、麻面等严重质量缺陷；在生产过程中出现的一般性质量缺陷，应由构件加工厂负责修补；在运输过程和施工现场形成的轻度破损，应由构件加工厂出具修补方案，指导施工单位完成修复。

（5）预制混凝土构件脱模应满足下列要求：

① 构件脱模应严格按照顺序拆除模具，不得使用振动方式拆模。

② 构件脱模时应仔细检查确认，构件与模具之间的连接部分完全拆除后方可起吊。

③ 预制混凝土构件脱模起吊时，同条件养护的混凝土立方体抗压强度应根据设计要求确定，且不应小于 15MPa。预制混凝土构件的运输、起吊强度不应低于设计强度的 75%。

④ 构件起吊应平稳，楼板应采用专用多点吊架进行起吊，复杂构件应采用专门的吊架进行起吊。

⑤ 装配整体式混凝土结构安装顺序以及连接方式应保证施工过程结构构件具有足够的承载力和刚度，并应保证结构整体稳固性。

⑥ 预制构件堆放以及构件安装完成后的成品应采取有效的产品保护措施。

⑦ 预制构件吊环应采用未经冷加工的 HPB300 级钢筋制作。吊装用内埋式螺母或吊杆的材料应符合国家现行相关标准的规定。

⑧ 预制构件应具有生产企业名称、制作日期、品种、规格、编号等信息的出厂标识，

出厂标识应设置在便于现场识别的部位。

⑨ 预制构件驳运与吊装应采取防止破损的保护措施。

（6）预制构件的现场驳运规定

① 应根据构件尺寸及重量要求选择驳运车辆，装卸及驳运过程应考虑车体平衡；

图 8.9　构件运输

② 驳运过程应采取防止构件移动或倾覆的可靠固定措施构件运输见图 8.9；

③ 驳运竖向薄壁构件时，宜设置临时支架；

④ 构件边角部及构件与捆绑、支撑接触处，宜采用柔性垫衬加以保护；

⑤ 现场驳运道路应平整，并应满足承载力要求。

（7）预制构件的现场存放规定

① 预制构件进场后，应按品种、规格、吊装顺序分别设置堆垛，存放堆垛设置在吊装机械工作范围内。

② 预制墙板宜采用堆放架插放或靠放，堆放架应具有足够的承载力和刚度；预制墙板外饰面不宜作为支撑面，对构件薄弱部位应采取保护措施。

③ 预制叠合板、柱、梁宜采用叠放方式。预制叠合楼板叠放层数不宜大于 6 层，预制柱、梁叠放层数不宜大于 2 层，预制楼梯叠放层数不宜大于 2 层。底层及层间应设置支垫，支垫应平整且应上下对齐，构件放置于用 C20 混凝土硬化的装配构件场地上，装配构件场地均置于原状地层上。

④ 预制异形构件堆放应根据施工现场实际情况按施工方案执行。

（8）预制构件的吊装规定

① 预制构件应按施工方案的要求吊装，起吊时绳索与构件水平面的夹角不宜小于 60°，且不应小 45°；

② 预制构件吊装过程不宜偏斜和摇摆，严禁吊装构件长时间悬挂在空中；

③ 预制构件吊装时，构件上应设置缆风绳控制构件转动，保证构件就位平稳；

④ 预制构件吊装应及时设置临时固定措施，临时固定措施应按施工方案设置，并在安放稳固后松开吊具；

⑤ 预制楼板起吊时，吊点不应少于 4 点。

（9）预制构件的吊装和施工

① 预制构件进场时，必须进行外观检查，并核收加工厂全部的质量检查文件；

② 施工单位应对预制构件的存储、吊装、安装定位和连接浇筑混凝土等工序，制订详细的施工工艺。

③ 施工单位应对预制墙板连接的关键工序［如墙板定位、钢筋连接（图 8.10）、灌浆等］进行必要的研究和试验；操作人员应接受必要的培训，考核通过方可上岗操作；对灌浆工艺应制订出切实可行的检查方法，并有专人在现场值守检查和记录。

图 8.10　预制墙板钢筋连接

④ 预制构件在吊装、安装就位和连接施工中的误差控制见表 8.9。

表 8.9　预制构件在吊装、安装就位和连接施工中的误差控制

检查项目	误差控制标准	检查项目	误差控制标准
地下现浇结构顶面标高	±2mm	预制墙板水平/竖向缝宽度	±2mm
首层至屋顶层层高	±3mm	阳台板进入墙体宽度	±3mm
预制墙板中心线偏移	±2mm	楼层处外露钢筋位置偏移	±2mm
预制墙板垂直度（2m 靠尺）	1/1500 且≤2mm	建筑物全高垂直度	H/2000
同一轴线相邻楼板/墙板高差	±3mm		+5mm、−2mm

⑤ 按"楼板埋件分布图"要求，在预制构件首层现浇地坪上准确预埋预制混凝土板安装用、下端固定用金属连接件。

⑥ 首层预制剪力墙的套筒插筋必须按图纸标注位置准确预埋。

⑦ 未做特殊说明时预制混凝土构件吊装须使用型钢扁担（见图 8.11）。

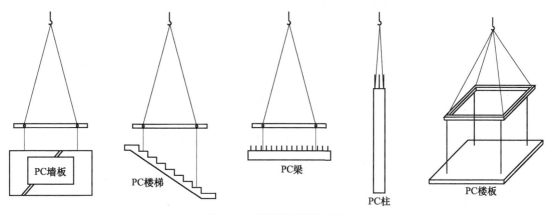

图 8.11　吊装使用型钢扁担

⑧ 现场吊装用螺栓必须使用高强螺栓。

⑨ 所用吊具材质、规格、强度必须满足国标要求。

⑩ 吊具须有专人管理并做使用记录，每次使用前应检查损坏情况。

⑪ 吊点连接位置必须按图纸标注使用"吊装用"金属连接件。

5.钢筋套筒灌浆连接

（1）钢筋套筒灌浆连接头采用的灌浆料应符合现行行业标准《钢筋连接用套筒灌浆料》（JG/T 408—2019）的规定及《装配式混凝土结构技术规程》（JGJ 1）第 4 节要求。

（2）连接用焊接材料，螺栓、锚栓和铆钉等固件的材料应符合国家现行标准《钢结构设计标准》（GB 50017）、《钢结构焊接规范》（GB 50661）和《钢筋焊接及验收规程》（JGJ 18）等的规定。

（3）纵向钢筋采用套筒灌浆连接时，应符合下列规定：

① 接头应满足行业标准《钢筋机械连接技术规程》（JGJ 107）中Ⅰ级接头的性能要求，并应符合国家现行有关标准的规定。

② 预制剪力墙中钢筋接头处套筒外侧钢筋的混凝土保护层厚度不应小于 15mm，预制柱中钢筋接头处套筒外侧箍筋的混凝土保护层厚度不应小于 20mm。

③ 当采用套筒灌浆连接时，自套筒底部至套筒顶部并向上延伸 300mm 范围内，预制剪

力墙的水平分布筋应加密，加密区水平分布筋的最大间距及最小直径应符合规定，套筒上端第一道水平分布钢筋距离套筒顶部不应大于 50mm。

④ 预制结构构件采用钢筋套筒灌浆连接时，应在构件生产前进行钢筋套筒灌浆连接接头的抗拉强度试验，每种规格的连接接头试件数量不应少于 3 个。

⑤ 钢筋套筒灌浆前，应在现场模拟构件连接接头的灌浆方式，每种规格钢筋应制作不少于 3 个套筒灌浆连接接头，进行灌注质量以及接头抗拉强度的检验；经检验合格后，方可进行灌浆作业。

（4）采用钢筋套筒灌浆连接、钢筋浆锚搭接连接的预制构件就位前，应检查下列内容：

① 套筒、预留孔的规格、位置、数量和深度。

② 被连接钢筋的规格、数量、位置和长度。

③ 当套筒、预留孔内有杂物时，应清理干净；当连接钢筋倾斜时，应进行校直，连接钢筋偏离套筒或孔洞中心线不宜超过 5mm。

（5）墙、柱构件的安装应符合下列规定。

① 构件安装前，应清洁结合面。

② 构件底部应设置可调整接缝厚度和底部标高的垫块。

③ 钢筋套筒灌浆连接接头、钢筋浆锚搭接接头灌浆前，应对接缝周围进行封堵，封堵措施应符合结合面承载力设计要求。

④ 预制构件连接部位坐垫砂浆的强度等级不应低于被连接构件混凝土的强度等级，且应满足下列要求：砂浆流动度，130～170mm；抗压强度（1d），30MPa；厚度不宜大于 20mm。部分预制墙板采用填充轻质材料的做法，轻质材料选用聚苯板，其容重不小于 $12kg/m^3$。

（6）钢筋套筒灌浆连接接头、钢筋浆锚搭接连接接头应按检验批划分要求及时灌浆，灌浆作业应符合国家现行有关标准及施工方案的要求，并应符合下列规定：

① 其中钢筋套筒连接用灌浆料应采用单组分水泥基灌浆料，其主要技术性能应符合表 8.10 的规定。

表 8.10　水泥基灌浆料技术性能指标

项　目		性能指标
流动度	初始值	≥250mm
	30min 实测值	≥200mm
抗压强度	龄期 1d	≥35MPa
	龄期 3d	≥60MPa
	龄期 28d	≥85MPa
竖向自由膨胀率	3h 实测值	≥0.02%
	24h 与 3h 差值	0.02%～0.50%
氯离子含量		不大于 0.03%
泌水率		0
施工最低温度控制值		≥5℃

② 灌浆施工时，环境温度不应低于 5℃；当连接部位养护温度低于 10℃时，应采取加热保温措施。

③ 灌浆操作全过程应有专职检验人员负责旁站监督并及时形成施工质量检查记录。

④ 应按产品使用说明书的要求计量灌浆料和水的用量，并搅拌均匀；每次拌制的灌浆

料拌合物应进行流动度的检测，且其流动度应满足相关标准的规定。

⑤ 灌浆作业应采用压浆法从下口灌注，当浆料从上口流出后应及时封堵，必要时可分仓进行灌浆。

⑥ 灌浆料拌合物应在制备后 30min 内用完。

（7）构件连接部位后浇混凝土及灌浆料的强度达到设计要求后，方可拆除临时固定措施。

（8）钢筋套筒灌浆连接及浆锚搭接连接的灌浆应密实饱满。

检查数量：全数检查。

检验方法：检查灌浆施工质量检查记录。

（9）钢筋套筒灌浆连接及浆锚搭接连接用的灌浆料强度应满足设计要求。

检查数量：按批检验，以每层为一检验批；每工作班应制作一组且每层不应少于 3 组 40mm×40mm×160mm 的长方体试件，标准养护 28d 后进行抗压强度试验。

检验方法：检查灌浆料强度试验报告及评定记录。

六、施工现场总平面布置

（一）施工现场平面布置

现场条件及周边环境分析：本工程位于某社区，四面毗邻城市主干道。

（1）布置原则

① 依据本工程特点和各施工阶段施工要求，综合考虑施工任务，对平面实行分阶段布置和管理，把办公区、施工区和加工区分开布置。

② 方便各施工单位材料存放以及组织场内运输，便于总承包单位进行管理和服务。

③ 施工平面紧凑有序，在满足施工条件下，尽量节约施工用地。

④ 按专业划分施工用地，尽量避免各专业用地交叉而造成的相互影响和干扰。

⑤ 在保证场内交通运输畅通和满足施工对材料要求的前提下，最大限度地减少场内运输，特别是减少场内二次搬运。加工场地、材料堆场等尽量布置在施工道路边和塔吊覆盖范围内，以便材料的装卸、减少料具的倒运。

⑥ 尽量避免对周围环境的干扰和影响。

⑦ 符合施工现场卫生及安全技术要求和防火规范。在施工期间，建立有效的排水系统，并进行日常维修，防止对周边路面造成污染，做到工地临时排水措施畅通有效，达到"平时无积水，雨后退水快"的效果。

⑧ 充分利用现有条件、综合考虑施工各阶段的工况，按照"四节一保"要求进行布置，满足绿色节能建筑要求。

⑨ 在满足施工生产需要和有关规定的前提下，做到"五化"：硬化、绿化、净化、亮化、美化。

⑩ 场内各种临时设施的布置综合考虑各施工阶段的变化，尽量做到"一次投入，长久使用"。

（2）布置内容

① 工程办公区设置于工地南侧靠近工地主入口位置。钢筋加工区及木工加工区均布置在各楼附近且在塔机覆盖范围之内，减少二次倒运便于场内垂直运输。场区内设置加工车间集中加工零星用料。

② 依照施工程序，分为三个阶段进行现场平面布置。分别为基础施工阶段、主体施工阶段、装饰装修施工阶段。场内各种临时设施的布置综合考虑各施工阶段的变化，尽量做到一次投入，长久使用。

③ 根据本工程场地特点，在施工现场设办公室、会议室及材料、工具堆放场、文明施工等临时设施。详见施工总平面图。

（二）临时设施、临时道路布置

1. 临时设施布置

工地四周设置高度 2.5m 的彩钢板围挡连续封闭施工；按照要求设置工地大门，分别设置人员、车辆主要出入口。大门内设置定型化洗车台。场地内部分区域地面采用素混凝土硬化。根据临水临电方案及布置图，按要求布设临电、临水管线设施。

（1）按照办公生活区和生产加工区分开、办公区和生活区分开、管理人员生活区和施工人员生活区分开布置的原则进行临时设施搭建；

（2）布置临时设施时，注重维护场地整洁及相关配套设施的布置，在施工现场进入口设置洗车台清洗出入现场的相关车辆；

（3）合理划分区域，在布置时突出显示公司的文化底蕴；

（4）满足消防及规范要求；

（5）满足现场生产生活的基本需求；

（6）临时设施布置及标准在征得监理及业主同意后进行搭设；

（7）为监理和甲方提供办公用房各 20m² 一间，并提供办公桌椅、宽带、空调等办公设施；

（8）现场办公临时设施按中档装修标准进行搭建，包含吊顶、地砖、地板等；

（9）工人生活区宿舍统一使用 24V 低压安全电接入，独立设立三组专用 220V 高压用电间。

2. 临时道路布置

为了保持施工现场的整洁，做好晴天无灰尘，雨天无泥泞，需对施工现场进行硬地化。因本工程的面积较大，场地全部硬地化很不经济，也是不必要的，所以只对临时施工道路、材料堆场、材料加工场等进行场地硬地化即可。硬地化前基层均应碾压密实，主干道用于场内运输和规划行车路线，主干道宽度为 6m。现场施工道路采用 180mm 厚 C20 混凝土硬化，道路及出入口满足消防及使用需求。

（三）施工现场平面布置的维护与管理

1. 主要施工阶段的动态调整

主体结构施工阶段平面布置：本阶段车库施工完毕，主楼与车库之间基坑回填全部完成。7 栋主楼主体开始施工。现场布置 7 台 SC200/200 施工电梯，在主楼结构施工至 10 层时，施工电梯安装完成，根据施工进度计划插入二次结构施工；车库顶板区域划分临时施工道路，车辆限载 5t 进入，无需单独硬化路面。

2. 对各专业分包的平面协调与管理措施

本工程场区主要从生产区、办公区、生活区三方面对整个施工现场进行平面布置。

工程前期主要布置施工道路、工地大门、临时用水、临时用电、施工图牌、塔吊等机械设施；钢筋工程、模板工程、周转料具堆放场地以及现场办公区、管理人员宿舍区、工人生活区等。

工程中期主要布置施工电梯等机械设施，以及钢筋工程、模板工程、钢结构安装、机电安装工程、砌体工程、室内装饰装修工程料具场地及外墙工程料具场地。

后期工程主要有砌体工程、装饰与装修工程、室外工程，此阶段砌体工程、装饰装修工程、外墙工程需要料具场地，室外工程只需要工作面。

七、关键施工技术及施工质量控制措施

根据以往工程施工经验，结合本工程实际情况，将预埋件、预制构件、构件安装、板缝防水等质量控制列为关键施工技术、工艺进行施工质量控制。

（一）预埋件

主体结构的预埋件应在主体结构施工时按设计要求埋设，外墙板安装前应在施工单位对主体结构和预埋件验收合格的基础上进行复测，对存在的问题应与施工、监理、设计单位进行协调解决。主体结构及预埋件施工偏差应符合现行《混凝土结构施工质量验收规范》（GB 50204—2015）要求，垂直方向和水平方向最大施工偏差应满足设计要求。

（二）预制构件

预制构件在进场安装前应进行检查验收，不合格的构件不得安装使用。安装用连接件及配套材料应进行现场报验，复核合格后方可使用。

预制构件储存时应按安装顺序排列并采取保护措施，储存架应有足够的承载力和刚度。

预制构件安装人员应提前进行安装技能和安装培训工作，安装前施工管理人员要做好技术交底和安全交底。施工安装人员应充分理解安装技术要求和质量检验标准。

预制构件运输前应根据工程实际条件制订专项运输方案。确定运输方式、运输路线、构件固定及保护措施等。对于超高或超宽的板要制订运输安全措施。

外墙板码放场地地基应平整坚实，墙板立放时要采用专用插放架存放。

外墙板码放时要制订成品保护措施，对于装饰面层处，垫木外表面要用塑料布包裹隔离，避免雨水及垫木污染板表面。

（三）构件安装

预制混凝土构件应按顺序分层或分段吊装，构件应按三维控制线就位。采取保证构件稳定的临时固定措施，根据水准点和轴线校正位置精确定位后，将连接节点按设计要求固定。

预制构件起吊时应采用有足够安全储备的钢丝绳，钢丝绳与构件的水平夹角不宜小于45°，否则应采用专用成套吊具或经验算确定。

预制构件安装就位固定后应对连接点进行检查验收，隐藏在构件内的连接节点必须在施工过程中及时做好隐蔽工程检查记录。

外墙板均为独立自承重构件，应保证板缝四周为弹性密封构造，安装时严禁在板缝中放置硬质垫块，避免挂板通过垫块传力造成节点连接破坏。

节点连接处露明铁件均应做防腐处理，对于焊接镀锌层破坏部位必须涂刷三层防腐涂料防腐，有防火要求的铁件应采用防火涂料喷涂处理。

（四）板缝防水施工

板缝防水施工人员经过培训后上岗，应具备专业打胶资格和防水施工经验。采用双层防水构造的板缝,应在板缝中安置气密条。

板缝防水施工前应将板缝内侧清洗干净,破损部位用专用修补剂修理硬化后,在板缝中填塞适当直径的背衬材料,严格控制背衬塞入板缝的深度。

为防止密封胶施工时污染板面,打胶前应在板缝两侧粘贴防污胶条,注意保证胶条上的胶不得转移到板面。

采用符合设计要求的密封胶填缝时应保证板十字缝处300mm范围内水平缝和垂直缝要一次完成,要保证胶缝厚度尺寸、板缝粘接质量及胶缝外观质量符合要求。板缝防水施工72h内要保持板缝处于干燥状态,禁止冬季低温施工。

CL网架板的安装应由具有一定安装经验的人员负责。CL网架板安装前,放线人员必须提前放出墙板和暗柱及门窗洞口等各构件的轴线、边线和标高控制线。安装人员安装前必须对照图纸仔细核对网架板的型号和尺寸,确认无误后,方可开始安装。网架板安装时要保证轴线和边线准确,尽量一次就位,避免二次安装造成网架板的变形和损坏。网架板安装就位,确认型号、规格及位置准确无误后,要搭设临时支撑,以保证网架墙板的稳定性。

网架板安装完毕后,水电及空调等安装人员进行预留预埋。

(五)模板工程

(1)模板必须采用优质竹胶板或木胶板及优质方木制作,支撑系统要牢固,稳定性好。

(2)CL墙板采用C30自密实混凝土浇筑,混凝土流动性较大,因此模板不得留有孔洞和缝隙,防止漏浆现象。

(3)模板安装前,在模板底部铺垫水泥砂浆或就位后在模板两侧抹水泥砂浆(水泥砂浆标号必须大于混凝土同标号水泥砂浆一个标号)。

(4)在柱梁或梁板接头处采用双面胶带或海绵条方式进行密封。

(5)模板拼缝必须严密,如不严密应采取粘贴胶带等密封措施。

(6)模板支模前,必须由专职质检员校核墙板的轴线尺寸是否正确,CL网架板的规格是否与图纸相符,安装是否完整、到位,并在CL网架板两侧插入预制的长方体预制垫块。

(7)模板其他施工方法按照相关模板施工标准和工艺及施工规范进行施工。

(六)混凝土工程

(1)混凝土浇筑前,应对进场的每批次混凝土的坍落度进行现场测试,必须满足坍落度(60s):260~280mm。

(2)由于CL结构体系网架板的钢丝网片间距比较小,混凝土截面较小,混凝土浇筑时不采用插入式振捣浇筑。

(3)混凝土用料斗浇筑时,应使出料口和模板入口距离尽量减小,必要时可用串筒或溜槽(管),避免产生离析。浇筑时两侧应流量均衡浇筑,并随时观察两侧混凝土浆面高差,高差不应超过400mm。

(4)聚苯乙烯板自身强度低,浇筑时下料点选择在边缘构件处,以保护聚苯乙烯板不受破坏。

(5)CL结构体系网架板钢丝纵横交错,常规振捣容易导致网架破损,因此为了增强混凝土的密实,必须采用小型号振动棒和皮锤,在浇筑的同时,从下到上振捣模板外侧,并用Φ20螺纹钢筋进行适量插捣,插捣时要注意保护聚苯乙烯板。浇筑下窗口时要加强对模板的敲击,浇筑混凝土要从窗口的一侧进行浇筑,防止混凝土在窗口下堵气。

(6)由于截面较小,混凝土在拆模后,必须立即涂刷养护剂。

(7)混凝土其他施工方法应按照相关混凝土施工标准、工艺及施工规范进行施工。

八、预制构件质量验收

对每批进场的构件都应该复核，复核结果形成文字记录，详细记载构件的尺寸、外观质量、配筋等情况，当复测结果符合表8.11要求后按规定上报监理公司。

（一）预制构件预埋件质量要求和允许偏差及检验方法

预制构件预埋件质量要求和允许偏差及检验方法见表8.11。

表8.11 允许偏差表

项次	项目		允许偏差/mm	检验方法
1	预埋件	中心线位置	10	钢尺检查
2	预留孔	中心线位置	5	钢尺检查
	预留洞	中心线位置	15	钢尺检查
3	预留钢筋	钢筋位置	5	钢尺检查
		钢筋数量	0	对照图纸
		钢筋外露长度	+10，−5	钢尺检查

（二）预制构件外观质量及检验方法

（1）现浇结构及预制构件的外观质量不应有严重缺陷。对已出现严重质量缺陷的构件，全数退货更换。

（2）现浇结构及预制构件的外观质量不宜有一般缺陷。对已经出现的一般缺陷，应由施工单位要求供货方按技术处理方案或规范要求进行处理，并全数重新检查验收。

（3）预制构件外形尺寸允许偏差及检验方法根据《混凝土结构工程施工质量验收规范》（GB 50204—2015），见表8.12。

表8.12 预制构件外形尺寸允许偏差及检验方法

项目	允许偏差/mm		检验方法
长度	外墙、内墙板	±5	钢尺检查
	叠合梁	+10，−5	
	叠合楼板	+10，−5	
	楼梯板	±5	
宽度	±5		钢尺检查
厚度	±5		钢尺量一端及中部，取其中较大值
对角线差	叠合楼板、内墙、外墙板	10	钢尺量两个对角线
预埋件	中心线位置	10	钢尺检查
	钢筋位置	5	
	钢筋外露长度	+10，−5	
预留孔	中心线位置	5	钢尺检查

项目		允许偏差/mm	检验方法
预留洞	中心线位置	15	钢尺检查
主筋、箍筋数量	所有预制构件	0	对照图纸检查
主筋保护层厚度	叠合梁	±5	钢尺或保护层厚度测定仪量测检查
	内墙、外墙板、叠合楼板	±3	
表面平整度	内墙、外墙板	5	2m靠尺和塞尺检查
侧向弯曲	叠合楼板、叠合梁	L/750 且≤20	拉线、钢尺量最大侧向弯曲处
	内墙、外墙板	L/1000 且≤20	

（4）预制构件安装验收。每工作面预制构件安装完成后，吊装小组进行自检，自检合格后形成文字记录上报项目部，由项目部生产经理组织安排人员对作业区的吊装工作复测，当复测结果符合要求后按规定向监理、项目管理和甲方报验。

（5）支撑系统验收。材料验收采用钢管，钢管外径不得小于 $\Phi 48mm \times 3mm$，钢管应无严重锈蚀、裂纹、变形，应检验立杆间距、水平杆位置、搭设方式是否符合专项施工方案要求。

第二节　装配式混凝土项目实例二

一、工程概况

图 8.12　某保障房项目

某保障性住房（图 8.12）项目由六栋装配式高层公租房与三层商业裙房组成，总建筑面积约 9.3 万平方米，其中地下建筑面积约 1.6 万平方米，地上建筑面积约 7.7 万平方米。

本工程为预制装配式混凝土结构，其主要特点有以下几点。

（1）现场结构施工采用预制装配式方法，外墙墙板、空调板、阳台、设备平台、凸窗以及楼梯的成品构件。

（2）预制装配式构件的产业化。所有预制构件全部在工厂流水加工制作，制作的产品直接用于现场装配。

（3）在设计过程中，运用 BIM 技术，模拟构件的拼装，减少安装时的冲突。

（4）楼梯、阳台、连廊栏杆均在预制混凝土构件设计时考虑点位，设置预埋件，后续直接安装。

二、工程新技术特点

本项目主体结构东西山墙采用预制夹心保温外墙板，楼面采用钢筋桁架叠合楼板，阳台采用预制叠合阳台，楼梯采用预制混凝土梯段板。

（一）工业化应用指标

本项目采用装配式剪力墙结构，预制构件包括预制外墙板、预制墙体、预制楼梯、预制叠合楼板、预制叠合阳台等。内隔墙采用成品陶粒混凝土轻质墙板，装配率100％；外廊及阳台栏板采用陶粒混凝土轻质墙板，栏杆采用成品栏杆，装配率100％；内装部品用了整体卫浴间、整体橱柜系统、整体收纳系统、成品套装门、成品木地板、集成吊顶、管线。项目装配式建筑技术配置见表8.13。

表8.13 装配式建筑技术配置分项表

阶段	技术配置选项	备 注	项目实施情况
标准化设计	标准化模块,多样化设计	标准户型模块,内装可变;核心筒模块;标准化厨卫设计	已实施
	模数协调		已实施
工厂化生产/装配式施工	预制外墙	东西山墙采用预制夹心保温外墙板	已实施
	预制内墙	成品陶粒混凝土轻质墙板	装配率100％
	预制叠合楼板		已实施
	预制叠合阳台		已实施
	预制楼梯		已实施
	楼面免找平施工		已实施
	无外架施工		已实施
	成品栏杆		装配率100％
一体化装修	整体卫浴间		装配率100％
	厨房成品橱柜		装配率46.44％
	成品木地板、踢脚线		装配率57.38％
	成品套装门		装配率100％
信息化管理	BIM策划及应用		已实施
绿色建筑	绿色星级标准		绿色三星

（二）预制构件拆分

本项目遵循重复率高和模数协调的原则选取预制构件。在方案阶段，综合考虑预制的大小与开洞尺寸，尽量减少预制构件的种类。选择采用预制墙体、预制叠合楼板、预制叠合阳台、预制楼梯等。其中，预制剪力墙，对提高预制率有较大作用；预制楼板、预制外墙板，制作简单且成本低；预制阳台板与阳台隔板，制作简单复制率高；楼梯，尽量设计为相同的楼梯，而不是镜像关系的楼梯。在设计阶段分析比较了预制构件的吊装、运输条件和成本，结果表明构件为4t以内运输、吊装相对顺利，运输、施工（塔吊）的成本也会降低。本项目预制剪力墙构件重量为4.55t；预制墙板的高度为楼层高度，宽度考虑到运输和生产场地,最大不超过 4m;预制楼板的宽度也以运输和生产场地为考虑因素,大部分控制在 3m 以内;预制外墙板约重 1.2t;预制阳台板每块约重 3t;预制阳台隔板每块重 0.4~1.3t。

三、结构设计

(一) 体系选择及结构布置

本项目的标准层平面采用模块化设计方法,由标准模块和核心筒模块组成。方案设计时对套型的门厅、餐厅、卧室、厨房、卫生间等多个功能空间进行分析研究,在单个功能空间多个功能空间组合设计中,用较大的结构空间来满足多个并联度高的功能空间要求设计集成在套型设计中,并满足全生命周期灵活使用的多种可能。对差异性的需求通过不同的空间功能组合与室内装修来满足,实现了标准化设计和个性化需求在小户型成本和效率兼顾前提下的适度统一。本项目均采用一个标准户型、一个标准厨房和卫生间进行组合拼接,结合建设单位要求确定套型采用的开间、进深尺寸,建立标准模块,且能满足灵活布置的要求。结构主体采用装配整体式剪力墙结构体系,模块内部局部则采用轻质隔墙进行灵活划分。标准层 BIM 模型如图 8.13 所示。

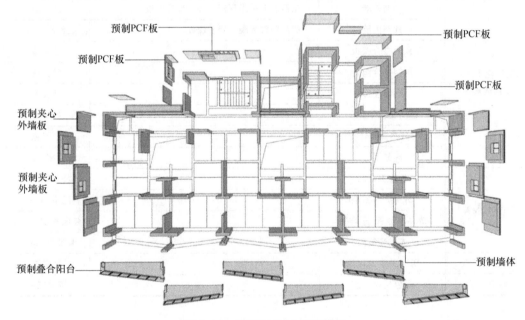

图 8.13 标准层 BIM 深化模型

(二) 预制混凝土剪力墙

本项目东西山墙剪力墙采用预制混凝土剪力墙(含保温),在拆分时遵循以下原则:

(1) 综合建筑立面效果、结构现浇节点及装饰挂板等,合理拆分外墙;

(2) 通过模数化、标准化、通用化减少板型,节约造价;

(3) 对每个墙板产品进行编号,每个墙板既有唯一的身份编号又能在编号中体现构件的统一性;

（4）考虑运输的可能性和现场的吊装能力确定预制构件的尺寸。

本项目的预制剪力墙采用夹心保温体系，即将结构的剪力墙、保温板、混凝土模板预制在一起。在保证了结构安全性的同时，兼顾了建筑的保温节能要求和建筑外立面效果，进而实现施工过程中无外模板、无外脚手架、无砌筑、无粉刷的绿色施工。建筑内部仅在预制剪力墙拼接处浇筑混凝土，模板用量、现场模板支撑及钢筋绑扎的工作减少。本项目采用的预制混凝土剪力墙（含保温）的外叶墙板为 60mm 厚混凝土，中间 50mm 厚燃烧性能为 B1 级的挤塑聚苯板保温层，内叶墙板为 200mm 厚钢筋混凝土。

（三）混凝土外墙板

本项目北侧走廊与核心筒部位采用预制装配式外墙板，预制装配式外墙板常用于预制叠合剪力墙中，预制叠合剪力墙是一种采用部分预制、部分现浇工艺形成的钢筋混凝土剪力墙，其预制部分称为预制外墙板，在工厂制作养护成型运至施工现场后，和现浇部分整浇。预制外墙板在施工现场安装就位后可以作为剪力墙外侧模板使用。本项目采用预制外墙板作为剪力墙的外模板，建筑外墙实现了无外模板、无外脚手架、无砌筑、无粉刷的绿色施工。

（四）预制混凝土叠合板

本项目楼板采用预制混凝土叠合板。传统的现浇楼板存在现场施工量大，湿作业多，材料浪费多，施工垃圾多，楼板容易出现裂缝等问题。采用部分预制、部分现浇的预制混凝土叠合板后，叠合板的支撑系统脚手架工程量、现场混凝土浇筑量均较小，所有施工工序均有明显的工期优势。

（五）连接类型

混凝土剪力墙的连接中，水平缝和垂直缝的连接细部构造如图 8.14 所示。

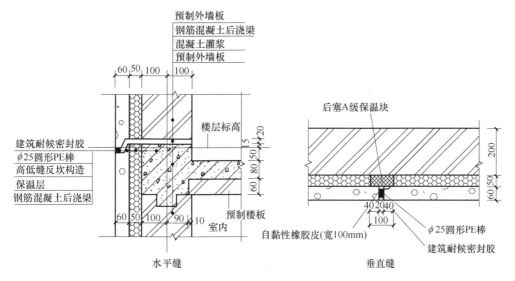

图 8.14　混凝土剪力墙的连接

（六）围护墙体

内填充墙采用成品陶粒混凝土轻质墙板，板材在工厂生产、现场拼装，取消了现场砌筑和抹灰工序。陶粒混凝土板材自重轻，对结构整体刚度影响小，板材强度较高。能够满足各种使用条件下对板材抗弯、抗裂及节点强度的要求，是一种轻质高强围护结构材料，同时陶粒混凝土墙板还能满足保温、隔热、隔声、防水和防火等技术性能及室内装修的要求。

（七）阳台及楼梯

阳台采用预制叠合阳台板。阳台板连同周围翻边一同预制，现场连同预制阳台隔板共同拼装成阳台整体。阳台板叠合层厚度为 60mm，叠合层内预埋桁架钢筋，增强阳台板的强度、刚度，并增强其与现浇层的整体连接性能。施工时，现场仅需绑部分钢筋，浇筑上层混凝土，施工快捷。传统的现浇楼梯现场模板工作量大，湿作业多，钢筋弯折、绑扎工作量大。本项目采用了预制混凝土梯段板，梯段内无钢筋伸出，施工安装时，梯段两端直接搁置在楼梯梁挑耳端铰接连接，一端滑动连接。构件制作简单，施工方便，节省工期，大大减少现场作业的量。预制楼梯采用清水混凝土饰面，采取措施加强成品保护。楼梯踏面的防滑构造在工厂预制时一次成型，节约人工、材料和后期维护，节能增效。

（八）厨房和卫生间

厨房和卫生间是住宅产业化的重要组成部分，本工程户型全部采用一个标准的卫生间，模数化设计，优选适宜的尺寸系列进行以室内完成面控制的模数设计，设计标准化的厨卫模块，满足功能要求并实现厨房、卫生间的工厂化生产、现场安装施工。卫生间模块考虑整体卫浴间工厂生产的模数要求，各边预留了 50～100mm 的尺寸，保证了工厂生产、现场安装的可能性。

四、装配式预制构件加工

装配式预制构件实行工厂化生产，选择专业预制构件生产单位，装配式预制构件在工厂加工后，运送到工地现场由总包单位负责卸车并吊装安装。按构件形式和数量，分为外墙装配式预制外墙板、预制楼梯、阳台板、凸窗板和设备平台等预制混凝土构件。

（一）预制构件工厂生产施工

半成品钢筋切断、对焊、成型的加工均在原钢筋车间进行，钢筋车间在按配筋单加工中，应严格控制尺寸，个别超差不应大于允许偏差的 1.5 倍。钢筋对焊应严格按《钢筋焊接及验收规程》（JGJ 18—2012）操作，对焊前应做好班前试验，并以同规格钢筋一周内累计接头 300 只为一批进行三拉三弯的实物抽样检验。由于墙板、叠合板属板类构件，钢筋的主筋保护层相对较小，因此，钢筋的骨架尺寸必须准确，故要求采用专门的成型架成型。

叠合板室内一侧（板底）、楼梯属清水构件，对外观和外形尺寸精度要求都很高，外表应光洁平整，不得有疏松、蜂窝等，因此对模具设计提出了很高的要求。模板既要有一定的刚度和强度、又要有较强的整体稳定性，同时模板面要有较高的平整度。

浇捣前，应对模板和支架、已绑好的钢筋和埋件进行检查。检查先由生产车间（班组）进行自检，并填写隐蔽工程验收单，送交技术质安科进行隐蔽工程验收，逐项检查合格后，方可浇捣混凝土。构件须采用低温蒸汽养护。蒸养可在原生产模位上进行。采用表面遮盖油布做蒸养罩，内通蒸汽的简易方法进行。

（二）构件运输

预制混凝土阳台、预制混凝土空调板、预制混凝土楼梯、设备平台采用平放运输，放置时构件底部设置通长木条,并用紧绳与运输车固定,见图8.15。

阳台、空调板可叠放运输,叠放块数不得超过6块,叠放高度不得超过限高要求,阳台板、楼梯板不得超过3块。

运输预制构件时,车启动应慢,车速应匀,转弯变道时要减速,以防墙板倾覆。

图8.15 预制构件运输

五、装配式预制构件施工准备

（1）技术准备

技术准备是施工准备的核心。由于任何技术的差错或隐患都可能引起人身安全和质量事故,造成生命、财产的巨大损失,因此必须认真地做好技术准备工作。具体包括:

① 熟悉、审查施工图纸和有关的设计资料;

② 原始资料的调查分析;

③ 编制施工组织设计,在施工开始前由项目工程师具体召集各相关岗位人员汇总、讨论图纸问题。

设计交底时,切实解决疑难和有效落实现场碰到的图纸施工矛盾,切实加强与建设单位、设计单位、预制构件加工制作单位、施工单位以及相关单位的联系,及时加强沟通与信息联系,要向工人和其他施工人员做好技术交底,按照三级技术交底程序要求,逐级进行技术交底,特别是对不同技术工种的针对性交底,每次设计交底后要切实加强和落实。

（2）物资准备

在施工前同时要将关于预制混凝土结构施工的物资准备好,以免在施工的过程中因为物资问题而影响施工进度和质量。物资准备工作的程序是搞好物资准备的重要手段。通常按如下程序进行:根据施工预算、分部（项）工程施工方法和施工进度的安排,拟定材料、统配材料、地方材料、构（配）件及制品、施工机具和工艺设备等物资的需要量计划;根据各种物资需求量计划,组织货源,确定加工、供应地点和供应方式,签订物资供应合同;根据各种物资的需要量计划合同,拟定运输计划和运输方案;按照施工总平面图的要求,组织物资按计划时间进场,在指定地点,按规定方式进行储存或堆放。

（3）劳动组织准备

在工程开工前组织好劳动力,建立拟建工程项目的领导机构,建立精干有经验的施工队组,集结施工力量、组织劳动力进场,做好向施工队组、工人进行施工技术交底,同时建立健全各项管理制度。

根据预制混凝土图纸设计要求及经验,结合本项目预制混凝土结构体复杂、质量大和施工复杂的情况，项目部将成立预制混凝土结构施工小组，配备有预制混凝土结构施工经验的班组进行施工。预制混凝土结构管理小组暂由30人组成，其中每1栋号房配备1个预制混凝土结构施工班组和1个灌浆施工班组，每个预制混凝土结构施工班组计划配备10人，每个灌浆施工班组计划配备2个人。

（4）场地准备

施工现场搞好"三通一平"即路通、水通、电通和平整场地的准备，搭建好现场临时设施和预制混凝土结构的堆场准备；为了配合预制混凝土结构施工和预制混凝土结构单块构件的最大重量的施工需求，确保满足每栋房子预制混凝土结构的吊装距离，按照施工进度以及现场的场地要求，塔吊配备在满足施工进度的前提下，塔吊平面布置允许重叠，防止塔吊的交叉碰撞，将道路与吊装区域拼装式成品围挡划分开，同时编制群塔防碰撞专项方案。

六、主要构件装配式施工

装配式施工的主要施工工序为：墙体→楼板→楼梯→内墙板。

（一）预制墙板装配施工

（1）起吊。装配式构件进场质量检查、编号、按吊装流程清点数量。本工程设计单件板块最大重量5t左右，采用TC6517B型塔吊吊装，为防止单点起吊引起构件变形，采用钢扁担起吊就位。构件的起吊点应合理设置，保证构件能水平起吊，避免磕碰构件边角，构件起吊平稳后再匀速移动吊臂，靠近建筑物后由人工对中就位。

（2）按编号和吊装流程对照轴线、墙板控制线逐块就位，设置墙板与楼板限位装置，做好墙板内侧加固。

（3）设置构件支撑及临时固定，在施工的过程中板-板连接件的紧固方式应按图纸要求安装，调节墙板垂直尺寸时，板内斜撑杆以一根调整垂直度，待矫正完毕后再紧固另一根，不可两根均在紧固状态下进行调整，改变以往在预制混凝土结构下采用螺栓微调标高的方法，现场采用1mm、3mm、5mm、10mm、20mm等型号的钢垫片。

（4）楼层浇捣混凝土完成，混凝土强度达到设计要求后，拆除构件支撑及临时固定点。

（二）预制楼梯装配施工

（1）楼梯进场、编号，按各单元和楼层清点数量。

（2）楼梯安装顺序：剪力墙、休息平台浇筑→楼梯吊装→锚固灌浆。

（3）本项目楼梯采用先吊装方法，当层预制混凝土外墙板等吊装完成后，开始楼梯平台排架搭设，模板安装完成后开始第一块预制混凝土楼梯吊装，楼面模板排架完成后开始第二块预制混凝土楼梯吊装，上层预制混凝土楼梯预留出楼梯锚固筋位置待楼梯平台模板（上层）安装完成后吊装。

（4）在施工的过程中一定要从楼梯井一侧慢慢倾斜吊装施工，楼梯采用上、下端搁置锚固固定，伸出钢筋锚固于现浇楼板内，标高控制与楼梯位置微调完成后，预留施工空隙采用水泥砂浆填实。

（5）按编号和吊装流程，逐块安装就位。

（6）塔吊吊点脱钩循环重复施工。

（三）预制阳台板施工

（1）阳台板进场、编号、按吊装流程清点数量。

（2）搭设临时固定与搁置排架。

（3）控制标高与阳台板板身线。

七、工程验收及经验

本工程采用了装配式混凝土建造技术，其特点主要体现在以下几个方面。

1. 标准化模块，多样化设计

本项目采用一个标准户型、一个标准厨房和卫生间，形成符合模数数列的标准化模型并在标准户型模块中实现空间的可变。采用少构件、多组合的方式，降低了成本、提高了效率。

2. 主体结构装配化

主体结构采用预制装配整体式剪力墙结构体系，预制构件包括预制剪力墙、预制叠合楼板、预制叠合阳台、预制楼梯等，预制率达到 25%。

3. 围护结构成品化

内隔墙采用成品陶粒混凝土轻质墙板，装配率 100%；外廊及阳台栏板采用陶粒混凝土轻质墙板，栏杆采用成品栏杆，装配率 100%。

4. 内装部品工业化

内装部品采用整体卫浴间、成品套装门、整体橱柜系统、整体收纳系统、成品木地板、踢脚线、集成吊顶、管线集成等，实现了内装部品工业化。

5. 设计、施工、运营信息化

采用 BIM 技术，对预制构件、节点连接、设备管线的空间安装、施工等进行数字模拟，实现了构件预装配，指导了现场精细化施工，进而实现了项目后期管理运营智能化。

6. 绿色建筑节能要求高

项目实施中采用外墙保温与预制构件一体化、门窗遮阳一体化、阳台挂壁式太阳能集热窗户一体化，实现了空气质量监控、智能化能效管理、雨水回收等，达到了三星级绿色标准，节能达到 65%。

第三节 某预制混凝土装配式工程实例三

一、工程概况

本工程为某保障房小区 1# 住宅楼、社区服务中心及 1# 楼地下车库工程施工，总建筑面积 18198.29m²。其中 1# 楼建筑面积 13861.71m²，建筑高度 49.75m，地下 2 层，地上 17层，为框剪结构，三层及以下部分采用现浇混凝土，地上四层及以上部分采用装配式工艺，地下储藏室层高 3m，1～17 层住宅层高 2.9m；社区服务中心建筑面积 617m²，建筑高度7.95m，地上 2 层，层高分别为 3.9m、3.6m，框架结构；1# 车库建筑面积 3719.58m²，层高 3.9m，地下 1 层，框架-密肋楼盖结构。本工程质量目标为《建筑工程施工质量验收规范》（GB 50300—2013）合格标准。计划工期为 365 日历天，计划开工日期为 2018 年 11 月，计划竣工日期为 2019 年 11 月。

1. 工程特点分析

（1）工程质量要求

本工程质量目标确保合格标准，为此在施工中必须加强管理，采取措施，确保质量目标的实现。

（2）现场管理要求高

本工程为城市保障房工程，资金来源为国有非财政资金，作为城市重点工程，该工程影响面大，争创建筑施工"安全文明工地"。

（3）新技术及机械设备使用情况

本工程采用装配式混凝土结构，工程中充分发挥大型施工企业技术先进、设备领先的优势，加强组织，精心管理，依靠科技进步提高设备效率。

2. 施工组织与施工部署

（1）施工组织

为保证本工程施工顺利进行，成立"保障房小区 1#住宅楼、社区服务中心及 1#楼地下车库工程项目部"，项目部设技术、计划、质量、安全等人员，在建设指挥部和项目经理统一领导下，成立土建工程队、安装工程队、装饰工程队，并按照专业配备不同的施工班组，现场设测量、放线、试验员，努力实现工程的质量方针和质量目标以及对业主的各项承诺。

（2）施工部署

为满足施工进度要求，力求加快进度、缩短工期、保证质量、保障安全和文明施工，遵照"先土建、后安装""先结构、后装饰"的原则，制订流水施工的施工方案。

（3）施工方案的选择

垂直运输设备的选择：1#楼采用一台 TC7035 型塔式起重机，臂长 70m，塔吊能满足吊装要求。混凝土浇筑施工时，根据现场具体情况选调混凝土泵车进行施工。

（4）施工顺序

主要施工顺序为：放线挖土→基础→主体→外墙保温装饰、屋面防水工程→门窗、地面→装饰工程→竣工清理。

（5）施工任务划分

本施工项目分为主楼和地下车库部分，按照后浇带分为两个施工组。安装公司承担水电、消防、通风、空调安装等全部安装工作，并随土建进度做好预埋、预留工作，根据工程进度随时穿插安装工作。土建工程队承担全部土建任务。装饰队承担内外墙抹灰、地面等全部装饰工作。

二、施工现场平面布置和临时设施、临时道路布置

1. 临时设施布置

根据施工高峰时所需人员数确定宿舍、项目经理办公室、技术室、质安室、财务室、会议室、文印室以及业主、监理办公室、休息室、医务室，另设厕所、浴室、食堂、餐厅、职工活动室设施，实现工作区与生活、办公区域分离，按要求设置足够灭火器，并设黑板报、宣传栏，并设置"十牌二图"。

2. 料场、仓库、搅拌机布置

根据工程情况确定一个料场，料场设在临时生活区旁，与生活区用围墙分离，料场地面

结构用 25cm 道碴上浇 15cm 的 C20 混凝土，砂、石料、机械堆场用砖墙分隔，并设置标志牌。料场四周设排水沟，在料场临设上设门卫、油库、机修间、电工间、仓库间等。

3. 临时便道、用电、用水

根据现场需要修建临时便道，在便道外侧 1m 处布设临时电线杆。根据施工现场机械配置使用及生活用电情况，合理安排电气装置，同时为了确保施工进度及施工安全，配备 1 台 495AD-150 型发电机，以防备停电或临时电路故障。

4. 施工总平面图

施工总平面图见图 8.16。

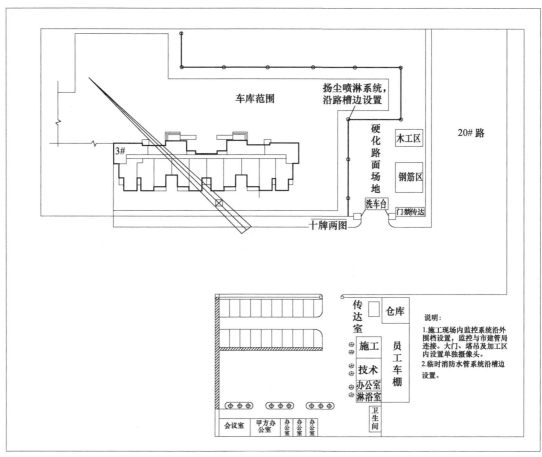

图 8.16 施工总平面图

三、施工进度计划和各阶段进度的保证措施

1. 工期安排

该工程工期 365 日历天。计划开工日期 2020 年 11 月 15 日，计划竣工日期 2021 年 11 月 14 日。实际开工日期以发包人的书面通知为准。水、电、暖等预留、预埋等配套工程穿插进行。

2. 拟投入的主要施工设备情况

拟投入的主要施工机械设备见表 8.14。

表 8.14 拟投入的主要施工机械设备表

序号	设备名称	型号规格	数量	额定功率/kW	用于施工部位
1	塔吊	TC7025B-12	1	80.5	基础、主体
2	人货电梯	SJT-A	2	33.5	主体、装饰
3	砂浆机	UJW-200	4	3	基础、主体、装饰
4	打夯机	HW-60	4	1.5	基础
5	钢筋调直机	GJJ4-14	1	9.5	基础、主体
6	钢筋切断机	40-2	1	5	基础、主体
7	钢筋弯曲机	GW140	1	3	基础、主体
8	钢筋对焊机	UN-100KVA	1	100	基础、主体
9	电焊机	BX1-315	4	22.8	基础、主体、装饰
10	电锯	MJJ105	1	4	基础、主体
11	电刨	MBH40A	1	4	基础、主体
12	振动器	HZ6P-70A	6	2.2	基础、主体

3. 劳动力计划表

本工程的劳动力计划见表 8.15。

表 8.15 劳动力计划表　　　　　　　　单位：人

工种	按工程施工阶段投入劳动力情况				
	土方工程	基础工程	主体	装饰工程	竣工清理
瓦工		70	50		
木工		140	80	10	
架工		35	30	20	
钢筋工		60	36		
抹灰工				80	
机械工		6	6	8	
水暖工		6	6	30	
油工				25	
电工		6	6	30	
壮工	40	40	30	35	40

四、各分部分项工程的施工方案和质量保证措施

（一）各分部分项工程的施工方法

1. 地基与基础工程

施工顺序：定位放线→清理基槽→验槽→底板垫层→防水层、保护层→钢筋混凝土筏板基础→墙体混凝土→铺贴防水层→回填土及室外管线。

（1）地基处理

① 清槽。按基底标高人工清理，清理不得扰动原状土。清理后根据基槽具体地质情况，经设计院确认是否进行地基钎探。如果钎探，钎探深度为 2.5m，间距为 1.5m，梅花形布置，做好钎探记录。请设计单位、勘探单位、监理单位、建设单位及施工单位共同验槽。验槽合格后方可施工基础工程。验槽过程中如遇到不符合设计要求的部位，由设计单位出具处理方案，按处理方案进行处理。

② 降水。如有明水，在槽底四周设明排水沟，在四角部位和边侧中间共设集水井。由明沟向集水井排水再从集水井用潜水泵排至地面排水沟。

（2）基础工程

施工方法：底板部位第一层 SBS 卷材与混凝土垫层之间空铺施工；SBS 卷材之间热熔满粘固定；侧墙部位卷材与基层、卷材之间均采用热熔满粘施工。

2. 钢筋工程

（1）材料准备

工程开工前，现场材料员依据 ISO9001 标准要求，根据所需钢筋计划，对工程所需钢材的生产钢厂的资质、生产能力及产品的质量性能等内容进行实际考察，并写出考察报告，经项目技术、施工等有关技术人员联合论证认可后方可采购。

（2）材料要求

所有进场钢材均需具有准用证和出厂质量证明书，每捆（或盘）都应有明显的标志。进场时，按品种、规格、炉号分批检查，核对标准、检查外观，对无出厂合格证、标识不清、钢筋锈蚀等钢材拒绝入场。按现行国家有关标准的规定，每 60t 为一批次，不足 60t 按一批次计取，对进场钢筋抽取试样作力学性能试验，合格后方可使用。

（3）钢筋加工及存放

钢筋加工前对钢筋进行检查，其表面应洁净，无损伤、油渍、锈污等，并在使用前清除干净，带颗粒状老锈的钢筋不得使用。

钢筋加工前对专业钢筋加工班组进行技术、安全交底，并提交详尽的钢筋加工配料单。

为防止地表水锈蚀钢筋，在钢筋堆放地点设置混凝土地垄，地垄采用 C15 混凝土，宽度为 200mm，高度为 200mm，间距不大于 3000mm，钢筋按规格分类，整齐放置在地垄上。

（4）钢筋连接

水平主筋接头连接形式以机械连接为主，次要部位、钢筋混凝土墙筋、板筋等采用绑扎搭接。

竖向钢筋的连接：框架柱主筋直径大于等于 16mm 的采用电渣压力焊连接，其余部分采用绑扎搭接连接，钢筋混凝土墙竖向筋采用绑扎搭接。

焊工必须持证上岗。焊接前应先试焊，经检测合格后，方可正式焊接施工。焊接过程中按批随机抽样检测，以确保施工质量。

外观检查：接头表面不能有横向裂纹；电极接触处的钢筋表面不得有明显烧伤，接头处的弯折不得大于 4°；轴线偏移不大于 0.1 倍的钢筋直径，且不大于 2mm。

拉伸试验：抗拉强度不得低于该级别钢筋规定的抗拉强度；试样应是塑性断裂并断于焊缝外。

冷弯试验：弯心直径依据《钢筋验收及焊接规范》（JGJ 18—2012）规定选取，弯到 90°时，接头外侧不得出现宽度大于 0.15mm 的横向裂纹。

钢筋直螺纹连接工艺流程如下。

① 下料。钢筋下料端应平直，允许少量偏斜。

② 套丝。在合格的头上用专用车床套丝机进行套丝。

③ 直螺纹钢筋现场的接头连接工作比较简单，利用普通管钳扳手拧紧即可。拧紧的作用有两个：一是将连接套筒锁定，防止丝头退出连接套筒；二是消除丝头和套筒之间的间隙。

钢筋直螺纹接头连接性能，按《钢筋机械连接技术规程》（JGJ 107—2016）中 A 级接头性能要求，试件应断于钢筋母材，达到与母材等强。标准型连接套筒的规格尺寸见表 8.16。

表 8.16　标准型连接套筒的规格尺寸

钢筋直径/mm	套筒外径/mm	套筒长度/mm	螺纹规格/mm×mm
20	32	40	M24×2.5
22	34	44	M25×2.5
25	39	50	M29×3.0
28	43	56	M32×3.0
32	49	64	M36×3.0
36	55	72	M40×3.5
40	61	80	M45×3.5

钢筋接头位置要求：结构受力钢筋的接头位置应避开最大受力部位。

板内通长钢筋及其板底钢筋应在支座外搭接，板上部钢筋应在跨中 1/3 处范围内搭接。

受力钢筋采用直螺纹接头连接时，设置在同一构件内的接头应相互错开。在任一接头中心至长度为钢筋直径的 35 倍且不小于 500mm 的区段内，同一根钢筋不得有两个接头。

受力钢筋接头的位置，应相互错开，同一截面有接头的受力钢筋截面面积占受力钢筋总截面面积的百分率：绑扎骨架的受拉区小于 25%，受压区小于 50%，受力钢筋接头受拉区小于 50%。

（5）防止钢筋位移变形措施

墙纵向钢筋用钢筋Φ14 加设一道剪刀撑，以防墙筋倾斜、扭曲。

柱插筋在基础内加设三道箍筋，防止柱插筋晃动变形或因混凝土冲击变形；剪力墙插筋在基础上皮筋和下皮筋上，用Φ12@1200 钢筋点焊接牢固，以防移位。

墙上皮与楼面接触处增设一道定位箍筋及四根拉结筋，并用电焊连接牢固，防止钢筋移位。

绑扎板筋，先在支好的模板上画线，严格按线绑扎。

绑扎墙筋，加工Φ6 的 S 形拉筋，两侧挂牢，间距 1m，梅花形布置，以防钢筋移位。

安装及绑扎钢筋时，不得脚踩钢筋，浇筑混凝土时事先搭好跳板并在浇筑混凝土过程中派专人调整钢筋。

每层施工完毕进行下一工序施工时，对柱、墙筋全面放线、校核，发现施工中产成偏移，立即进行纠正。

（6）质量检查

钢筋绑扎安装完毕后，检查以下方面：

① 钢筋级别、直径、根数、位置、间距是否与图纸设计相符；

② 钢筋接头位置及搭接长度是否符合规定；

③ 钢筋保护层是否符合要求；

④ 钢筋表面是否清洁；

⑤ 钢筋绑扎是否牢固，有无松动现象。

检查完毕后，做好隐蔽工程验收记录，并经监理方及建设单位验收通过后方可进行下道工序施工。

3. 模板工程

(1) 混凝土墙模板

剪力墙模板采用钢框竹胶合模板。墙模板之间用穿墙螺栓连接，外墙采用穿墙止水螺栓，布置设计如下。

① 对拉螺栓用于连接内外模板，保持内外模板间距，承受新浇混凝土侧压力及其他荷载，使模板具有足够的强度及刚度。

② 为保证墙壁支模位置准确，在相应位置的两侧墙壁钢筋上焊钢筋爪，间距 1000mm，墙模卡进钢筋爪内，即正好为墙厚尺寸。

③ 支模顺序：放出模板 100mm 控制线→安装前检查→支一侧模板（外墙先支内模）→安装对拉螺栓→支另一侧模板→加设竖向和水平向钢管支承→挂线调整模板垂直平整（微调）→紧固对拉螺栓→支撑杆件与满堂连接牢固→全面检查。

(2) 模板施工保证措施

混凝土浇筑前认真复核模板位置，柱、墙模垂直度、平整度、标高等，并仔细检查预留孔洞位置及尺寸是否准确，并在大尺寸木盒下部钻 3～4 个小孔，保证混凝土浇筑时能使此部位的封闭空气排出，使混凝土浇筑到位，检查模板支撑是否牢固，接缝是否严密。所有模板在使用前涂刷非油性脱模剂。认真检查固定在模板上的预埋件和预留孔的规格、数量，避免遗漏，并确保其安装牢固，位置准确。混凝土浇筑时派两名木工值班，随时检查模板情况，如发现胀模、支撑松动等情况，马上停止混凝土的浇筑施工，组织人员进行处理。

为防止对拉螺栓的螺帽拉脱、蝶形卡变形移位，事先对螺帽及蝶形卡所能承受的拉力进行试验，符合要求后方准用于工程中。

(3) 质量标准

支撑系统及附件安装牢固，无松动现象，模板拼缝严密，浇筑混凝土时不变形、不漏浆。模板安装允许偏差见表 8.17。

表 8.17　模板安装允许偏差表

项次	项目	允许偏差	检验方法
1	模板上表面标高	±5mm	用尺量
2	相邻两板表面高低差	2mm	用尺量
3	板面平整	5mm	用 2m 靠尺检查

4. 混凝土工程

本工程全部采用商品混凝土。

(1) 混凝土浇筑前的准备工作

对模板安装定位、钢筋绑扎、预埋件、预埋管线、预留孔洞进行交接检查并经监理及有关部门验收。

对混凝土输送泵提前进行试运行，检查泵管安装的牢固性，浇筑时不允许发生晃动及颤动。填写混凝土搅拌通知单，通知搅拌站要浇筑混凝土的标号、配合比、搅拌工程量。

安排好混凝土浇筑时看护模板的工人。

(2) 混凝土的浇筑

由东向西浇筑，一直达到厚度。

（3）混凝土的振捣

采用插入式振捣器，要做到快插慢拔，插点要均匀排列，振捣器移动间距不宜大于振捣器作用半径的 1.5 倍（一般振捣器作用半径为 30～40cm），每一振点的振捣延续时间，应使混凝土表面呈现浮浆和不再沉淀。

5. 回填土

基础工程施工完毕后及时报监理工程师、业主进行验收，合格并作好记录后，及时进行土方回填，土方回填前，要派专人负责土方质量的检验，不合格的土方不能用于回填，回填土方用自卸汽车、机动翻斗车从堆土场地运至基坑附近，然后由人工用手推车将土送至基坑内摊平。地下室外墙周围 800mm 范围以内应用灰土、黏土或粉质黏土回填，室内采用素土回填，回填土不得含有石块、碎砖及有机物等，也不得有冻土。土方回填采用分层夯实，并应两边同时进行，以防引起基础变形，回填厚度人工夯实每层虚铺不超过 250mm，机械夯实每层不大于 300mm。回填压实系数地面标高以下不得小于 0.94。

（二）主体工程

1. 钢筋连接

纵向 φ20 以上钢筋采用直螺纹接头连接。直径小于 φ12 的水平钢筋采用绑扎搭接，直径大于 φ14 的水平钢筋采用丝接，遵照《钢筋焊接及验收规程》（JGJ 18—2012）执行。

2. 模板工程

（1）本工程剪力墙工程量大，支模比较困难。本工程采用先进的支模方法，选用方钢竹胶大模板。每面墙按墙宽、墙高制作成一块大模板。加固用钢架管对拉螺栓固定。支模快速、方便，整体吊装，保证质量。

（2）本工程柱、梁板采用竹胶板，背部用 40mm×60mm 木方加固。竹胶模板根据实际情况周转使用，每五至六层为一个周转期。现浇楼板采用竹胶板，梁底用竹胶板配合木方施工。加固系统为钢架管、卡扣、燕尾形销、螺杆等。

（3）模板安装

模板安装前涂刷脱模剂，板缝贴胶带纸以防漏浆。本工程一律用短架管、卡扣、燕尾形销及连接螺杆加固，柱、梁每间隔 600mm 设一道钢架管加固，使工程每一构件形成一刚体，以防变形、胀模。当梁的跨度大于等于 6m 时，按 3‰ 起拱。当梁的跨度在 4～6m 时，按 2‰ 起拱。

3. 混凝土工程

（1）施工机械

施工现场混凝土泵车按需要进行调配；塔机一台。

（2）施工前的准备工作

① 及时了解当前气象资料，协同甲方与供电、供水、环保、环卫、交通等部门取得联系，施工过程中确保混凝土浇筑的连续性。混凝土所使用的水泥、粗骨料以及各种外加剂、掺和剂的检验与复检报告必须齐全。浇筑前必须完成各种技术交底，请甲方、监理人员对需要隐蔽的部位进行验收，签好隐蔽验收记录。

② 混凝土的输送。为保证混凝土坍落度，每车泵送完毕时间不宜超过 120min；混凝土的供应必须保证施工的连续进行。现场浇筑时要观察混凝土的质量，并检测其坍落度，对不符合要求的混凝土一律不得使用。

③ 混凝土浇筑前的准备工作。检查模板及其支撑，钢筋、预留孔洞、预埋件等进行交接检查及验收。混凝土结构施工必须密切配合各专业的设计要求，浇筑混凝土前仔细检查预埋件、预留孔洞、插筋及预理管线等是否遗漏，位置是否正确，确保完全无误后方可浇筑混

凝土。所有电梯井道及其机房的预埋件、预留洞应待核实无误后方可浇筑混凝土。

（3）混凝土浇筑

浇筑混凝土前，应对操作人员进行技术交底，检查模板、支撑系统，复核钢筋和预埋件是否符合规范和图纸要求，与建设、监理单位代表对隐蔽部位进行验收，填写隐蔽验收记录，然后进行浇筑。

（4）混凝土的振捣

混凝土浇筑分层厚度宜为 300～500mm，当水平结构的混凝土浇筑厚度超过 500mm 时，可按 1:6～1:10 坡度分层浇筑，且上层混凝土应超前覆盖下层混凝土 500mm 以上。振捣混凝土时，振捣器插入点间距 400mm 左右，呈梅花形布点，并插入下层混凝土 50mm。振捣时间宜为 15～30s，且间隔 20～30min 后，进行第二次振捣。

（5）混凝土的养护

为保证已浇筑好的混凝土在规定龄期内达到设计要求的强度，防止产生收缩裂缝，混凝土终凝后应及时浇水养护。框架柱抗震墙采用不透气的塑料薄膜布养护，用薄膜布把混凝土表面敞露的部分全部严密地覆盖起来，保证混凝土在不损失水分的情况下，得到充足的养护，这种养护方法的优点是不必浇水，操作方便，能重复使用，能提高混凝土的早期强度，加速模具的周转。

（6）泵送混凝土施工要点

泵送混凝土的配合比应进行专门的设计，设计内容及技术要求提前送交混凝土搅拌站。为了满足混凝土的和易性和坍落度，在混凝土中掺入外加剂，同时，为了便于输送，坍落度控制在 100～140mm 之间。混凝土泵送前按规定和程序先行试机，正常运转后再使用，启动泵机的程序：起动料斗→搅拌叶片将润滑浆（水泥素浆）注入料斗→开动截止阀→开动混凝土泵→将润滑泵浆泵送入管道→随后再往斗内装入混凝土进行试泵送。

在泵送作业过程中，要经常注意检查料斗的充盈情况，不允许出现完全泵空的情况，混凝土应保证连续供应以确保泵送的连续进行，尽可能地防止停歇。如出现泵送困难、泵的压力急速增长或输送管线产生较大的推动力等异常情况时，不宜勉强提高压力进行泵送，宜用木锤敲击管线中的锥形管、弯管等部位，使泵进行反转，放慢速度以防止管线堵塞。

混凝土浇灌从高处下落时，其自由下落高度不得大于 2m，当可能发生离析时，采用串筒或斜槽下落，串筒的最下两节保持与现浇灌面垂直。

4. 砌体工程

部分填充墙采用 M5 专用混合砂浆砌筑强度等级 A3.5 加气混凝土砌块，埋置于土中的填充墙采用 M7.5 水泥砂浆砌筑 MU15 煤矸石烧结砖。其工艺流程为：墙体放线（砌体浇水）→制备砂浆→排列→铺砂浆→就位→校正→砌筑镶砖→竖缝灌砂浆→勒缝。

（1）墙体放线。砌体施工前，应将基础面或楼层结构面按标高找平，依据建筑图放出第一皮砌体的轴线、砌体边线和洞口线。

（2）砌体排列。按砌体排列图在墙体线范围内分块定尺、划线，砌体在砌筑前，应根据工程设计施工图，结合砌体的品种、规格绘制砌体的排列图，经审核无误，按图排列砌体。砌体排列上、下皮应错缝搭砌，搭砌长度一般为砌体的 1/2，不得小于砌体高的 1/3，也不应小于 150mm，如果搭接错缝长度满足不了规定的压搭要求，应采取压砌钢筋网片的措施，具体构造按设计规定。砌体应沿剪力墙全高每隔 500mm 设 $2\phi6$ 拉结筋，拉结筋伸入长度不应小于墙长的 1/5 且不小于 1000mm。与填充墙连接的框架柱，应预留拉结筋与过梁、圈梁连接。该拉结筋同圈梁或过梁筋锚入剪力墙，柱内不小于 L_{aE}。

（3）填充墙长度大于 5m 时，墙顶应于梁拉结，并在墙体中每隔 5m 设构造柱；墙高超过 4m 时，墙体半高设沿墙全长的圈梁。墙转角及纵横墙交接处，应将砌体分皮咬槎，交错搭砌，如果不能咬槎时，按设计要求采取其他的构造措施；砌体垂直缝与门窗洞口边线应避开同缝，且不得采用砖镶砌。

（4）砌体吊装时，起吊砌体应避免偏心，使砌体底面能水平下落；就位时由人手扶控制，对准位置，缓慢地下落，经小撬棒微撬，用托线板挂直、核正为止。

5. 脚手架工程

本工程外脚手架采用扣件式 ϕ48 钢管脚手架。主楼外墙三层以下采用落地式双排脚手架，八层、十四层采用悬挑扣件式钢管脚手架。脚手架钢管选用 ϕ48mm×3.5mm；外挑工字钢采用 18♯工字钢，长度约为 4.5m；固定工字钢在楼面上用 2ϕ18 的圆钢，距外墙边为 1.3m。立杆纵向间距为 1.8m，内立杆距外墙 0.25m，外立杆距外墙面为 1.1m，大横杆间距为 1.8m，小横杆长度为 1.2m。脚手架与建筑物的连墙拉结采用拉筋和顶撑配合使用的刚性连接方式；拉筋用 ϕ12 钢筋，顶撑用 ϕ48mm×3.5mm 钢管，水平距 4.5m，竖向距离为 3.9m。安全网兜底挂，四周封严，挡脚板按规定设置牢稳。架子搭设完毕，要经有关人员检查验收，合格后进行交接使用。承重脚手架必须经过验算，编制施工方案，经审批符合规定后可进行施工。

6. 后浇带施工

后浇带部位的钢筋不得截断，并按设计要求增加加强筋。后浇带钢筋要注意保护，刷纯水泥浆以防止生锈，后浇带应在其两侧主体结构达到强度两个月且基础沉降基本稳定以后采用比相邻混凝土高一级的无收缩混凝土进行浇筑，浇筑混凝土时要先将混凝土表面进行处理，清除垃圾、松动砂石和松散混凝土层，同时还要加以凿毛，用水冲洗干净并充分湿润，残留在混凝土表面的积水要清除，检查钢筋周围的混凝土是否松动和损害，钢筋上的油污，水泥砂浆浮锈等杂物要清除，后浇带处支撑须待混凝土浇筑完毕且达到规定强度后方可拆除。

（三）装配式吊装施工方案

本工程主体四层～十七层采用预制装配式结构施工，该外墙构件具有承重、保温、隔热、隔声、抗渗、优美观感以及工业化装配便捷等诸多优点。结构部分内、外墙板采用预制装配式墙体，结构梁采用预制装配式梁，结构楼板、楼梯部分采用叠合板、预制装配式楼梯。

1. 吊装前准备要点

（1）构件吊装前必须整理吊具，并根据构件不同形式和大小安装好吊具，这样既节省吊装时间又可保证吊装质量和安全。

（2）构件必须根据吊装顺序进行装车，避免现场转运和查找。

（3）构件进场后根据构件标号和吊装计划的吊装顺序在构件上标出序号，并在图纸上标出序号位置，这样可直观表示出构件位置，便于吊装和指挥操作，减少误吊几率，图 8.17 为构件按吊装计划进场。

（4）所有构件吊装前必须在相关构件上将各个截面的控制线提前放好，可节省吊装、调整时间并利于质量控制。

图 8.17　构件按吊装计划进场

（5）墙体吊装前必须将调节工具埋件提前安装在墙体上，可减少吊装时间，并利于质量控制。

（6）所有构件吊装前下部支撑体系必须完成，且支撑点标高应精确调整。

（7）梁构件吊装前必须测量并修正柱顶标高，确保与梁底标高一致，便于梁就位。

2. 吊装过程要点

（1）构件起吊离开地面时如顶部（表面）未达到水平，必须调整水平后再吊至构件就位处，这样便于钢筋对位和构件落位。

（2）柱拆模后立即进行钢筋位置复核和调整，确保不会与梁钢筋冲突，避免梁无法就位等问题。

（3）凸窗、阳台、楼梯、部分梁构件等同一构件上吊点高低有不同的，低处吊点采用葫芦进行拉接，起吊后调平，落位时采用葫芦紧密调整标高。

（4）梁吊装前柱核心区内先安装一道柱箍筋，梁就位后再安装两道柱箍筋，之后才可进行梁、墙吊装，否则，柱核心区质量无法保证。

（5）梁吊装前应将所有梁底标高进行统计，有交叉部分梁吊装方案根据先低后高进行安排施工。

（6）墙体吊装后才可进行梁面筋绑扎，否则将阻碍墙锚固钢筋深入梁内。

（7）墙体如果是水平装车，起吊时应先在墙面安装吊具，将墙水平吊至地面后将吊具移至墙顶。在墙底铺垫轮胎或橡胶垫，进行墙体翻身使其垂直，这样可避免墙底部边角损坏。

3. 吊装施工

（1）预制墙板吊装

① 墙板构件吊装。应根据吊点位置在铁扁担上采用合适的起吊点。用吊装连接件将钢丝绳与墙板预埋吊点连接，起吊至距地面约 50cm 处时静停，检查构件状态且确认吊绳、吊具安装连接无误后方可继续起吊，起吊要求缓慢匀速，保证预制墙板边缘不被破坏。墙板构件距离安装面约 100mm 时，应慢速调整，安装人员应使用搭钩将溜绳拉回，用缆风绳将墙板构件拉住使构件缓速降落至安装位置；构件距离楼地面约 300mm 时，应由安装人员辅助轻推构件根据定位线进行初步定位；楼地面预留插筋与构件灌浆套筒应逐根对准，待插筋全部准确插入套筒后缓慢降下构件。图 8.18 为构件吊装，图 8.19 为构件吊装就位。

图 8.18　构件吊装

图 8.19　构件吊装就位

图 8.20　构件安装临时支撑

② 安装临时支撑（图 8.20）。预制墙板构件安装时的临时支撑体系主要包括可调节式支撑杆、端部连接件、连接螺栓、预埋螺栓等几部分。墙板构件的临时支撑不宜少于 2 道，每道支撑由上部的长斜支撑杆与下部的短斜支撑杆组成。上部斜支撑的支撑点距离板底不宜小于板高的 2/3，且不应小于板高的 1/2，具体根据设计给定的支撑点确定。墙体斜支撑的安装分为连接件安装、支撑杆安装、支撑紧固。连接件安装在构件吊装之前进行。墙板上的连接件选用马蹄形连接件，其由一块钢板及一个铁环焊接而成（马蹄形连接件），通过 M20 螺栓和一块钢制垫片与预制墙板连接，楼板上的连接件选用 T 型连接件，其由 $\phi 16$、$\phi 10$ 的圆钢焊接而成，板内由 $\phi 10$ 钢筋绑扎固定（T 型连接件）。

③ 墙体安装精度调节。墙体的标高调整应在吊装过程中墙体就位时完成，主要通过将墙体吊起后调整垫片厚度进行。墙体的水平位置与垂直度通过斜支撑调整。一般斜支撑的可调节长度为 ±100mm。调节时，以预先弹出的控制线为准，先进行水平位置的调整，再进行垂直度的调整。预制墙板安装精度调节用斜支撑。

墙板安装精确调节措施如下：

a. 在墙板平面内，通过楼板面弹线进行平面内水平位置校正调节。若平面内水平位置有偏差，可在楼板上锚入钢筋，使用小型千斤顶在墙板侧面进行微调；

b. 在垂直于墙板平面方向，可利用墙板下部短斜支撑杆进行微调控制墙板水平位置，当墙板边缘与预先弹线重合停止微调；

墙板水平位置调节完毕后，利用墙板上部长斜支撑杆的长度调整进行墙板垂直度控制。

④ 转换层连接钢筋定位。本工程装配式建筑在设计时存在下部结构现浇、上部结构预制的情况。在现浇与预制转换的楼层，即装配施工首层，下部现浇结构预留钢筋的定位对装配式建筑施工质量至关重要。

a. 首层连接钢筋的定位施工流程为：钢筋加工→确定墙体位置→上下层构件连接钢筋定位并划线→钢筋绑扎→钢筋骨架验收→墙体模板安装→楼板支模及钢筋绑扎→使用定位器检查墙体连接钢筋位置及间距→现浇混凝土施工→复查墙体连接钢筋位置及间距→首层预制墙体吊装作业。

b. 首层连接钢筋定位具体操作的技术措施为：转换层连接钢筋的加工应按照高精度要求进行作业。为保证首层预制构件的就位能够顺利进行，转换层连接钢筋应做到定位准确、加工精良、无弯折、无毛刺、长度满足设计要求。

c. 绑扎钢筋骨架时，应注意与首层预制构件连接的钢筋的位置。根据图纸对连接钢筋进行初步定位并划线确定；在钢筋绑扎时应注意修正连接钢筋的垂直度。钢筋绑扎结束后，对钢筋骨架进行验收。一方面按照现浇结构钢筋骨架验收内容进行相应的检查与验收，另一方面检查连接钢筋的级别、直径、位置与甩出长度。

d. 按现浇结构要求进行墙板模板支设，并进行转换层楼板模板支设及绑扎作业。

e. 用钢筋定位器复核连接钢筋的位置、间距及钢筋整体是否有偏移或扭转。如有不满足设计要求的偏位或扭转，应及时进行修正。钢筋定位器采用与预制墙体等长、等宽的钢板制成，按照首层预制墙体底面套筒位置与直径在钢板上开孔，其加工精度应达到预制墙板底面模板精度。在套筒开孔位置之外，应另开直径较大孔洞，一方面可供振捣棒插入混凝土进行振捣，另一方面也可减轻定位器重量，方便操作。钢板厚度及开孔数量、大小应保证定位器不发生变形，避免导致定位器失效，一般情况下可取为厚度 6mm、孔洞直径 100mm。

f. 钢筋定位器套筒位置开孔处可安装内径与套筒内径相同的钢套管，用以检测连接钢筋是否有倾斜，并可模拟首层构件就位时套筒与连接钢筋的位置关系。钢套管的长度建议取为连接钢筋插入套筒的长度，可方便检测连接钢筋甩筋长度是否满足设计要求。连接钢筋位置检查合格后应由项目总工程师、质量负责人、生产负责人等验收签字，而后方可进行现浇混凝土作业。

（2）梁构件吊装

墙体立好后，支梁底模板的支撑，然后支撑梁的底模和两侧模板（梁模板两侧梆顶必须超平）。梁底模（侧模）模板和梁窝下口（左右口）齐平。梁筋伸入墙体梁窝内。支梁模板然后绑扎梁下铁和箍筋，但箍筋不封口，上铁钢筋集中放在梁上部中间部位，支叠合板的支撑，把相应的叠合楼板座到梁两侧模板上，待叠合楼板安装完成后，箍筋归位，角筋归位。

（3）板构件吊装

内外墙、梁底部钢筋和箍筋安装完成后，按设计位置支设专用三脚架安装支撑，再将龙骨安放其上，龙骨顶标高为叠合板下标高，然后安放叠合板。

叠合板安装后，支阳台底模模板。叠合板和阳台与支座搭接长度不小于 10mm，再绑扎阳台栏板筋。最后连接安装叠合板、阳台、梁、墙体上的各种管线，绑扎叠合板上部负筋，检查合格后浇筑上部混凝土。

（4）楼梯构件吊装

① 楼梯梁的安装：楼梯梁安装，应该先进行钢筋绑扎，绑扎完后把梁筋斜向伸入梁窝处和墙筋连接。后支楼梯梁支撑，然后支楼梯梁底模和两侧模板，底模和侧模模板直接连接到墙体梁窝处。

② 楼梯段的安装：把预制楼梯筋连接在现浇梁梁筋上。预制楼梯下放支撑，用以支撑预制楼梯。

③ 施工重点。待楼梯板吊装至作业面上 500mm 处略作停顿，根据楼梯板方向调整，就位时要求缓慢操作，不应快速猛放，以免造成楼梯板震折损坏。楼梯板基本就位后，根据控制线，利用撬棍微调，校正。楼梯段校正完毕后，将梯段预埋件与结构预埋件焊接固定。楼梯板焊接固定后，在预制楼梯板与休息平台连接部位采用灌浆料进行灌浆，灌浆要求从楼梯板的一侧向另外一侧灌注，待灌浆料从另一侧溢出后表示灌满。

（5）灌浆施工

① 灌浆施工操作要求。灌浆料必须有产品检验合格报告及出厂合格证、使用说明书。

施工时首先要根据灌浆料使用说明，安排专人定量取料、定量加水进行搅拌，搅拌好的混合料必须在 30min 以内注入套筒。

当灌浆仓大于 1.5m 时，对灌浆仓进行分仓，分仓使用坐浆料或者高强砂浆。

有螺纹盲孔插筋处在上层预制混凝土板吊装前，套入橡胶垫；灌浆前应检查灌浆盲孔内是否阻塞或者有杂物；灌浆时由下孔灌入，上孔冒浆即为灌满，及时用皮塞塞紧。

半灌浆连接通常是上端钢筋采用直螺纹、下端钢筋通过灌浆料与灌浆预留孔进行注浆。

② 灌浆施工注意事项。泵送钢筋接头灌浆料可在 5～40℃ 下使用。灌浆时浆体温度应在 5～30℃ 范围内。灌浆时及灌浆后 48h 内施工部位及环境温度不应低于 5℃。如环境温度低于 5℃ 时，需要加热养护，低温施工时应单独制订低温施工方案。

搅拌完的砂浆随停放时间延长，其流动性降低。如果拌合好后没有及时使用，停放时间过长，需要再次搅拌恢复其流动性后才能使用。正常情况自加水算起应尽可能在 30min 内灌完。

一个构件连接的接头一次需要的灌浆料用量较多（超过一袋 20kg）时，应计算灌浆泵工作效率，考虑分次搅拌、灌浆，否则会因搅拌、灌注时间过长，浆体流动度下降造成灌浆失败。

严禁在接头灌浆料中加入任何外加剂或外掺剂。

现场同期试块检验。为指导拆模及控制扰动，可在灌浆时用三联强度模做同期试块。制作好的试块要在接头（构件现场）实际环境温度下放置并必须密封保存（与接头内灌浆料类似条件）。

灌浆时间为同层现浇筑后即可施工，同时需监理参加旁站逐个检查，并做好相关记录，确保节点施工质量。

4. 吊装施工前质量验收标准

（1）构件运输前，应对即将出厂的构件进行检验，包括外形检验和结构性能检验，检验不合格的部品不得用于混凝土结构。

外形检验：部品应在明显部位标明生产单位、部品型号、生产日期和质量验收标志。部品上的预埋件、插筋和预留孔洞的规格、位置和数量应符合标准图或设计的要求。叠合结构中部品的叠合面应符合设计要求。部品的外观质量不应有严重缺陷，对已经出现的严重缺陷，应按技术处理方案进行处理，并重新检查验收。部品不应有影响结构性能和安装、使用功能的尺寸偏差。对超过尺寸允许偏差且影响结构性能和安装、使用功能的部位，应按技术处理方案进行处理，并重新检查验收。另外，所有出厂的预制楼板在保持重心平衡位置上都留有 2 个或以上的用于吊装的预埋螺母。

结构性能检验：钢筋混凝土部品和允许出现裂缝的预应力混凝土部品进行承载力、挠度和裂缝宽度检验；不允许出现裂缝的预应力混凝土部品进行承载力、挠度和抗裂检验；预应力混凝土部品中的非预应力杆件按钢筋混凝土部品的要求进行检验。对设计成熟、生产数量较少的大型部品，当采取加强材料和制作质量检验的措施时，可仅做挠度、抗裂或裂缝宽度检验；当采取上述措施，并有可靠的实践经验时，可不做结构性能检验。

（2）吊装安装质量验收标准

吊装安装质量验收标准见表 8.18。

表 8.18　吊装安装质量验收标准表

项　目		允许偏差/mm	检验方法
墙板	中心线对定位轴线的位置	5	钢尺检查
	垂直度	5	经纬仪或吊线、钢尺检查
	建筑物全局度垂直度	40	
	墙板拼缝高差	±10	钢尺检查
楼板	平整度	10	2m 靠尺和塞尺检查
	标高	±10	水准仪或拉线、钢尺检查
楼梯	水平位置	10	钢尺检查
	标高	±5	水准仪或拉线、钢尺检查

5. 成品保护

预制构件在卸车及吊装过程中应注意对成品的保护，重点是对预制部品上下部位的保护及门窗的保护。预制构件厂出厂、运输过程中及现场堆放时，应置于专用堆放架，并在堆放架上设置橡胶垫保护。运输过程中，部品必须绑扎牢固，避免碰撞。现场吊装中，严禁吊钩撞击部品，控制吊钩下落的高度和速度。预制构件吊装过程中，根据塑钢窗尺寸，定制简易木窗套对窗框进行保护，确保吊装过程中不受损坏。

6. 施工安全措施

严格执行国家、行业和企业的安全生产法规和规章制度，认真落实各级各类人员的安全生产责任制。

施工前对预制构件吊装的作业及相关人员进行安全培训，成立安全责任机构，明确预制构件进场、卸车、存放、吊装、就位等各环节的作业风险，并制订防止危险情况的处理措施。

预制构件进场卸车时，应对车轮采取固定措施，并按照装卸顺序进行卸车，确保车辆平衡，避免由于卸车顺序不合理导致车辆倾覆。预制构件卸车后，应按照次序进行存放，存放架应设置临时固定措施，避免存放架失稳造成构件倾覆。

应每天对预制构件吊装作业用的工具、吊具、锁具、钢丝绳等进行检查，发现风险应立即停止使用。

安装作业开始前，应对安装作业区进行围护并树立明显的标识，拉警戒线，并派专人看管，严禁与安装作业无关的人员进入。

预制构件起吊后，应先将预制构件提升 300mm 左右后，停稳构件，检查钢丝绳、吊具和预制构件状态，确认吊具安全且构件平稳后，后方可缓慢提升构件。

吊装区域内，非操作人员严禁进入。吊运预制构件时，构件下方严禁站人。高空应通过缆风绳改变预制构件方向，严禁高空直接用手扶预制构件。遇到雨、雪、雾天气，或者风力大于 6 级时，不得进行吊装作业。

7. 文明施工措施

预制构件标识系统应采用绿色水性环保涂料或塑料贴膜等可清除材料。预制构件运输过程中应采用减少扬尘措施。预制构件进入现场应分类存放整齐，在醒目位置设置标识牌，不得占用临时道路，做好成品保护和安全防护。在预制构件安装施工期间，应严格控制噪声和遵守现行国家标准《建筑施工场界环境噪声排放标准》（GB 12523—2011）的规定。预制构件安装过程中废弃物等应进行分类回收。

（四）工程质量保证措施

1. 质量保证体系目标

在本工程建设实施过程中，建立符合《质量管理体系 要求》GB/T 19001 以及 ISO 9001 的质量管理体系，以保质、保量、按期完成该工程，并交付甲方满意工程。

2. 质量保证措施

本工程质量保证措施严格按 ISO 9001 质量体系进行操作，加强项目质量管理，规范管理工作程序，提高工程质量，从而达到交付满意工程的目的。

3. 施工质量控制管理

（1）制订现场的各种管理制度，完善计量及质量检测技术和手段。对工程项目施工所需的原材料、半成品，进行质量检查和控制，并编制相应的检验计划。

（2）进行技术交底、图纸会审等工作，并根据本工程特点确定施工流程、工艺和施工方法。对本工程将要采用的新技术、新结构、新材料均要审核其技术审定书及运用范围。检查现场的测量标准、建筑物的定位线及高程水准点等。

（3）完善工序质量控制，把影响工序质量的因素都纳入管理范围。及时检查和审核质量统计资料和质量控制图表，抓住影响质量的关键问题进行处理和解决。

（4）严格工序间的交接检查，做好各项隐蔽验收工作，加强交接检查制度的落实，对达不到质量要求的前道工序决不交给下道工序施工，直至质量符合要求为止。

（5）对完成的分部分项工程，按相应的质量评定标准和办法进行检查、验收。

（6）审核设计变更和图纸修改。

（7）施工中出现特殊情况，隐蔽工程未经验收而擅自封闭、掩盖或使用无合格证材料，或擅自变更替换工程材料等，技术负责人有权向项目经理建议下达停工令。

（8）对工程质量严格把关，按规定的评定标准和办法，对完成的单位工程进行检查验收，并整理所有的技术资料，编目、建档。在保修阶段，对本工程进行维修。

4. 施工技术的质量控制

施工的先进性、科学性、合理性决定了施工质量的优劣。发放图纸后，专业技术人员会同施工工长先对图纸进行深化、熟悉、了解，提出施工图纸中的问题、难点、错误，并在图纸会审及设计交底时予以解决。同时，根据实际图纸的要求，对施工过程中质量难以控制或要采取相应的技术措施、新的施工工艺才能达到保证质量目的的内容进行摘录，并组织有关人员进行深入研究，编制相应的作业指导书，并在施工中予以改进。

施工工长在熟悉图纸、施工方案或作业指导书的前提下，合理地安排施工工序、劳动力，并向操作人员做好相应的技术交底工作，落实质量保证计划、质量目标计划，特别是对一些施工难点、特殊点更应落实到班组每一个人，而且应让他们了解本次交底的施工流程、施工进度、图纸要求、质量控制标准，以便操作人员心中有数，从而保证操作中按要求施工，杜绝质量问题的出现。

在本工程施工中将采用二级交底模式进行技术交底。第一级为项目技术负责人根据经审批后的施工组织设计、施工方案、作业指导书，对本工程的施工流程、进度安排、质量要求以及主要施工工艺等向项目全体施工管理人员，特别是施工工长、质检人员进行交底。第二级为施工工长向班组进行分项专业工种的技术交底。

在本工程中，将对以下的技术保证进行重点控制：施工前各种大样图；原材料的质量证明、合格证、复试报告；各种试验分析报告；基准线、控制轴线、高程标高的控制；沉降观测；混凝土、砂浆配合比，混凝土、砂浆强度报告。

5. 施工操作中的质量控制措施

施工操作人员是工程质量的直接责任者，故从施工操作人员的素质以及对他们的管理均要严格要求，操作人员加强质量意识的同时，加强人员管理，以确保操作过程中的质量要求。

（1）对每个进入本项目施工的人员，均要求达到一定的技术等级，具有相应的操作技能，特殊工种必须持证上岗。对每个进场的劳动力进行考核，同时，在施工中进行考察，对不合格的人员坚决退场，以保证操作者本身具有合格的技术素质。

（2）加强每个施工人员的质量教育，提高他们的质量意识，自觉按操作规程进行操作，在质量控制上加强其自觉性。

（3）施工管理人员，特别是工长及质检人员，应随时对操作人员所施工的内容、过程进行检查，在现场为他们解决施工难点，进行质量标准的测试，随时指出达不到质量要求及标准的部位，要求操作者整改。

（4）在施工中各工序要坚持自检、互检、专业检制度，在整个施工过程中，做到工前有交底、工程中有检查、工后有验收的"一条龙"操作管理方式，以确保工程质量。

6. 施工材料的质量控制措施

施工材料的质量，尤其是用于结构工程的材料质量，将会直接影响到整个工程结构的安全，因此材料的质量保证是工程质量保证的前提条件。为确保工程质量，施工现场所需的材料除甲方供给外，其余的材料均由现场材料员统一采购，对本工程所需采购的物质，进行严格的质量检验控制。

（1）采购物资必须在合格的材料供应商范围内采购，如所需材料在合格的材料供应商范围内不能满足，就要进行对其他厂家的评审，合格后再进行采购。物资采购遵循在诸多厂家中优中选优，执行首选名牌产品的采购原则。

（2）为了保证本工程使用的物资设备、原材料、半成品、成品的质量，防止使用不合格品，必须以适当的手段进行标识，以便追溯和更换。

① 钢筋：必须有材料质量证明、材料准用证、复试报告，原材必须有规格、钢号等标识，成型钢筋进场按规格型号，使用部位挂牌标识。

② 水泥：必须有材料质量证明、材料准用证、复试合格报告，入库必须分类堆放，挂牌标识。

③ 砂石：复试报告合格，入场必须分规格进行标识。

④ 砖：复试报告必须合格。

⑤ 其他材料必须有合格证，其包装必须有出厂标识。所有混凝土试块、砂浆试块，必须标明工程部位、浇筑时间和强度等级。

附 录

与装配式混凝土相关的
主要图集和标准

序号	标准名称	标准号
1	《装配式混凝土结构表示方法及示例(剪力墙结构)》	15G107-1
2	《装配式混凝土结构连接节点构造(楼盖结构和楼梯)》	15G310-1
3	《装配式混凝土结构连接节点构造(剪力墙结构)》	15G310-2
4	《预制混凝土剪力墙外墙板》	15G365-1
5	《预制混凝土剪力墙内墙板》	15G365-2
6	《桁架钢筋混凝土叠合板(60mm 厚底板)》	15G366-1
7	《预制钢筋混凝土板式楼梯》	15G367-1
8	《预制钢筋混凝土阳台板、空调板及女儿墙》	15G368-1
9	《装配式混凝土结构住宅建筑设计示例(剪力墙结构)》	15J939-1
10	《混凝土结构施工图平面整体表示方法制图规则和构造详图(现浇混凝土框架、剪力墙、梁、板)》	16G101-1
11	《混凝土结构施工图平面整体表示方法制图规则和构造详图(现浇混凝土板式楼梯)》	16G101-2
12	《混凝土结构施工图平面整体表示方法制图规则和构造详图(独立基础、条形基础、筏形基础、桩基础)》	16G101-3
13	《装配式混凝土剪力墙结构住宅施工工艺图解》	16G906
14	《钢筋混凝土用余热处理钢筋》	GB 13014—2013
15	《冷轧带肋钢筋》	GB/T 13788—2017
16	《钢筋混凝土用钢　第 1 部分:热轧光圆钢筋》	GB/T 1499.1—2017
17	《钢筋混凝土用钢　第 2 部分:热轧带肋钢筋》	GB/T 1499.2—2018
18	《建筑结构荷载规范》	GB 50009—2012
19	《混凝土结构设计规范》	GB 50010—2010
20	《建筑抗震设计规范》	GB 50011—2010
21	《钢结构设计规范》	GB 50017—2017
22	《建筑物防雷设计规范》	GB 50057—2010
23	《混凝土外加剂应用技术规范》	GB 50119—2013

序号	标 准 名 称	标准号
24	《混凝土质量控制标准》	GB 50164—2011
25	《混凝土结构工程施工质量验收规范》	GB 50204—2015
26	《建筑工程施工质量验收统一标准》	GB 50300—2013
27	《建筑电气工程施工质量验收规范》	GB 50303—2015
28	《智能建筑工程质量验收规范》	GB 50339—2013
29	《建筑节能工程施工质量验收标准》	GB 50411—2007
30	《建筑物防雷工程施工与质量验收规范》	GB 50601—2010
31	《钢结构焊接规范》	GB 50661—2011
32	《混凝土结构工程施工规范》	GB 50666—2011
33	《碳素结构钢冷轧钢板及钢带》	GB/T 11253—2019
34	《混凝土外加剂》	GB 8076—2008
35	《水泥细度检验方法 筛析法》	GB/T 1345—2005
36	《水泥标准稠度用水量、凝结时间、安定性检验方法》	GB/T 1346—2011
37	《硅酮和改性硅酮建筑密封胶》	GB/T 14683—2017
38	《建设用砂》	GB/T 14684—2011
39	《建设用卵石、碎石》	GB/T 14685—2011
40	《钢筋混凝土用钢 第3部分:钢筋焊接网》	GB/T 1499.3—2019
41	《建筑幕墙气密、水密、抗风压性能检测方法》	GB/T 15227—2019
42	《装配式混凝土结构技术规程》	JGJ 1—2014
43	《外墙饰面砖工程施工及验收规程》	JGJ 126—2015
44	《金属与石材幕墙工程技术规范》	JGJ 133—2001
45	《外墙外保温工程技术标准》	JGJ 144—2019
46	《钢筋焊接及验收规程》	JG 18—2012
47	《预制预应力混凝土装配整体式框架结构技术规程》	JGJ 224—2010
48	《钢筋锚固板应用技术规程》	JGJ 256—2011
49	《高层建筑混凝土结构技术规程》	JG 3—2010
50	《点挂外墙板装饰工程技术规程》	JGJ 321—2014
51	《建筑机械使用安全技术规程》	JG 33—2012
52	《非结构构件抗震设计规范》	JGJ 339—2015
53	《钢筋套筒灌浆连接应用技术规程》	JGJ 355—2015
54	《普通混凝土用砂、石质量及检验方法标准》	JGJ 52—2006
55	《普通混凝土配合比设计规程》	JGJ 55—2011
56	《混凝土用水标准》	JGJ 63—2006
57	《钢结构高强度螺栓连接技术规程》	JGJ 82—2011
58	《混凝土结构用钢筋间隔件应用技术规程》	JGJ/T 219—2010
59	《高强混凝土应用技术规程》	JGJ/T 281—2012
60	装配式建筑评价标准	GB/T 51129—2017

附录　与装配式混凝土相关的主要图集和标准

序号	标 准 名 称	标准号
61	装配式住宅建筑设计标准	JGJ/T 398—2017
62	厨卫装配式墙板技术要求	JG/T 533—2018
63	装配式环筋扣合锚接混凝土剪力墙结构技术标准	JGJ/T 430—2018
64	装配式玻纤增强无机材料复合保温墙体技术要求	GB/T 36140—2018
65	装配式整体厨房应用技术标准	JGJ/T 477—2018
66	建筑工程设计信息模型制图标准	JGJ/T 448—2018
67	装配式整体卫生间应用技术标准	JGJ/T 467—2018
68	装配式劲性柱混合梁框架结构技术规程	JGJ/T 400—2017
69	装配式建筑预制混凝土夹心保温墙板	JC/T 2504—2019
70	预应力混凝土结构抗震设计标准	JGJ/T 140—2019
71	装配式钢结构住宅建筑技术标准	JGJ/T 469—2019
72	装配式住宅建筑检测技术标准	JGJ/T 485—2019
73	《装配整体式建筑预制混凝土构件制作与验收规程》	DB34/T 5033—2015
74	《装配整体式混凝土结构工程施工及验收规程》	DB34/T 5043—2016
75	《装配式剪力墙结构设计规程》	DB11/1003—2013
76	《预制混凝土构件质量检验标准》	DB11/T 968—2013
77	《装配式混凝土结构工程施工与质量验收规程》	DB11T/1030—2013
78	《装配式剪力墙住宅建筑设计规程》	DB11T/970—2013
79	《预制装配式混凝土结构技术规程》	DBJ 13-216—2015
80	《预制带肋底板混凝土叠合楼板图集》	DBJT 25-125—2011
81	《横孔连锁混凝土空心砌块填充墙图集》	DBJT 25-126—2011
82	《装配式混凝土建筑结构技术规程》	DBJ 15-107—2016
83	《装配整体式混凝土剪力墙结构设计规程》	DB13（J）/T 179—2015
84	《装配式混凝土剪力墙结构建筑与设备设计规程》	DB13（J）/T 180—2015
85	《装配式混凝土构件制作与验收标准》	DBI3（J）/T 181—2015
86	《装配式混凝土剪力墙结构施工及质量验收规程》	DB1(3)/T 182—2015
87	《装配整体式混合框架结构技术规程》	DB13（J）/T 184—2015
88	《装配整体式混凝土结构技术规程》	DB41T 154—2016
89	《装配式混凝土构件制作与验收技术规程》	DBJ41/T 155—2016
90	《装配式住宅整体卫浴间应用技术规程》	DBJ41/T 158—2016
91	《装配式住宅建筑设备技术规程》	DBJ41/T 159—2016
92	《装配整体式混凝土剪力墙结构技术规程》	DBJ41/T 1044—2015
93	《装配式钢结构集成部品撑柱》	DB43/T 1009—2015
94	《装配式钢结构集成部品主板》	DB43/T 995—2015
95	《混凝土叠合楼盖装配整体式建筑技术规程》	DBJ43/T 301—2013
96	《混凝土装配-现浇式剪力墙结构技术规程》	DBJ43/T 301—2015
97	《装配式斜支撑节点钢结构技术规程》	DBJ43/T 311—2015

装配式建筑施工

序号	标 准 名 称	标准号
98	《灌芯装配式混凝土剪力墙结构技术规程》	DB22/JT 161—2016
99	《施工现场装配式轻钢结构活动板房技术规程》	DGJ32/J 54—2016
100	《装配整体式混凝土剪力墙结构技术规程》	DGJ32/TJ 125—2016
101	《预制预应力混凝土装配整体式结构技术规程》	DGJ32/TJ 199—2016
102	《装配式建筑全装修技术规程(暂行)》	DB21/T 1893—2011
103	《装配整体式混凝土结构技术规程(暂行)》	DB21/T 1924—2011
104	《装配整体式建筑设备与电气技术规程(暂行)》	DB21/T 1925—2011
105	《装配式混凝土结构构件制作、施工与验收规程》	DB21/T 2568—2020
106	《装配式混凝土结构设计规程》	DB21/T 2572—2019
107	《装配式钢筋混凝土板式住宅楼梯》	DBJT05-272
108	《装配式钢筋混凝土叠合板》	DBJT05-273
109	《装配式预应力混凝土叠合板》	DBJT05-275
110	《装配式预制混凝土剪力墙板》	DBJT05-333
111	《装配整体式混凝土结构设计规程》	DB37/T 5018—2014
112	《装配整体式混凝土结构工程施工与质量验收规程》	DB37/T 5019—2014
113	《装配整体式混凝土结构工程预制构件制作与验收规程》	DB37/T 5020—2014
114	《装配整体式混凝土住宅构造节点图集》	DBJT 08-116—2013
115	《装配整体式混凝土构件图集》	DBJT 08-121—2016
116	《工业化住宅建筑评价标准》	DG/TJ 08-198—2014
117	《装配整体式混凝土公共建筑设计规程》	DGJ 08-2154—2014
118	《预制装配整体式钢筋混凝土结构技术规范》	SJG 18—2009
119	《预制装配钢筋混凝土外墙技术规程》	SJG 24—2012
120	《装配整体式住宅建筑设计规程》	DBJ51/T 038—2015
121	《装配式混凝土结构工程施工与质量验收规程》	DBJ51/T 054—2019
122	《叠合板式混凝土剪力墙结构技术规程》	DB33/T 1120—2016
123	《装配整体式混凝土结构工程施工质量验收规范》	DB33/T 1123—2016
124	《装配式住宅建筑设备技术规程》	DBJ50/T 186—2014
125	《装配式混凝土住宅构件生产与验收技术规程》(重庆)	DBJ50/T 190—2019
126	《装配式住宅构件生产和安装信息化技术导则》	DBJ50/T 191—2014
127	《装配式混凝土住宅结构施工及质量验收规程》	DBJ50/T 192—2019
128	《装配式混凝土住宅建筑结构设计规程》(重庆)	DBJ50/T 193—2014
129	《装配式住宅部品标准》	DBJ50/T 217—2015
130	《塔式起重机装配式预应力混凝土基础技术规程》	DBJ50/T 223—2015
131	《装配式内装工程施工质量验收规范》(浙江)	DB33/T 1168—2019
132	《装配式剪力墙设计规程》(北京)	DB11/1003—2013
133	《装配式混凝土结构工程施工与质量验收规程》(北京)	DB11/T 1030—2021
134	《装配整体式混凝土公共建筑设计规程》(上海)	DGJ 08-2154—2014
135	《装配整体式混凝土住宅构造节点图集》(上海)	DBJT 08-116—2013
136	《装配整体式混凝土结构施工及质量验收规范》(上海)	DGJ 08-2117—2012

序号	标 准 名 称	标准号
137	《工业化住宅建筑评价标准》（上海）	DGTJ 08-2198—2016
138	《装配式建筑评价标准》	GB/T 51129—2017
139	《建筑给水排水设计规范》	GB 50015—2019
140	北京市装配式剪力墙结构设计规程	DB11/1003—2013
141	山东省装配式钢结构住宅-钢支撑通用技术要求	DB37/T 3364—2018
142	四川省装配式混凝土建筑设计标准	DBJ51/T 024—2017
143	安徽省装配式住宅装修技术规程	DB34/T 5070—2017
144	上海市住宅室内装配式装修工程技术标准	DG/T J08-2254—2018
145	湖南省绿色装配式建筑评价标准	DBJ43/T 332—2018
146	山西省装配式混凝土建筑施工及验收标准	DBJ04/T 361—2018
147	山东省装配式钢结构住宅-H 型钢梁通用技术要求	DB37/T 3363—2018
148	安徽省装配式钢筋混凝土通道施工规程	DB34/T 2834—2017
149	云南省装配式建筑评价标准	DBJ53/T-96—2018
150	山东省装配式钢结构住宅-钢柱通用技术要求	DB37/T 3365—2018
151	吉林省装配式混凝土桥墩技术标准	DB22/T 5013—2018
152	山西省装配式建筑评价标准	DBJ04/T 396—2019
153	广东省装配式建筑评价标准	DBJ/T 15-163—2019
154	河北省装配式建筑评价标准	DB13/T 8321—2019
155	重庆市装配式隔墙应用技术标准	DBJ50/T-337—2019
156	浙江省装配式建筑评价标准	DB33/T 1165—2019
157	广东省装配式混凝土建筑深化设计技术规程	DBJ/T 15-155—2019
158	福建省装配式住宅建筑模数技术规程	DBJ/T 13-310—2019
159	江苏省装配式混凝土结构现场连接施工与质量验收规程	DB32/T 3915—2020
160	江苏省装配式建筑综合评定标准	DB32/T 3753—2020
161	辽宁省多层装配式钢结构建筑技术标准	DB21/T 3196—2019
162	河南省装配式混凝土箱梁桥设计与施工技术规范	DB41/T 1847—2019
163	河南省装配式混凝土箱梁桥预算定额	DB41/T 1848—2019
164	河南省装配式波形钢腹板梁桥技术规程	DB41/T 1526—2018
165	福建省装配式轻型钢结构住宅技术规程	DBJ/T 13-317—2019
166	广东省装配式钢结构建筑技术规程	DBJ/T 15-177—2020
167	广东省装配式混凝土建筑工程施工质量验收规范	DBJ/T 15-171—2019
168	北京市装配式建筑设备与电气工程施工质量及验收规程	DB11/T 1709—2019
169	吉林省装配式混凝土建筑结构检测技术标准	DB22/T 5037—2020
170	湖南省装配式混凝土建筑预制构件制作与验收标准	DBJ43/T 203—2019
171	湖南省装配式空腹楼盖钢网格盒式结构技术规程	DBJ43/T 351—2019
172	湖南省多层装配式后浇接缝混凝土夹心墙板建筑技术规程	DBJ43/T 350—2019
173	重庆市装配式混凝土建筑结构施工及质量验收标准	DBJ50/T 192—2019
174	广东省装配式市政桥梁工程技术规范	DBJ/T 15-169—2019
175	重庆市装配式叠合剪力墙结构技术标准	DBJ50/T 339—2019

装配式建筑施工

参 考 文 献

［1］ 中华人民共和国住房和城乡建设部. 装配式混凝土建筑技术标准 GB/T 51231—2016. 北京：中国建筑工业出版社，2017.

［2］ 中国建筑标准设计研究院. 装配式建筑系列标准应用实施指南（2016）. 北京：中国计划出版社，2016.

［3］ 住房和城乡建设部科技与产业化发展中心. 中国装配式建筑发展报告（2017）. 北京：中国建筑工业出版社，2017.

［4］ 郭学明. 装配式混凝土结构建筑的设计、制作与施工. 北京：机械工业出版社，2017.

［5］ 江韩，等. 装配式建筑结构体系与案例. 南京：东南大学出版社，2018.

［6］ 张金树，等. 装配式建筑混凝土预制构件生产与管理. 北京：中国建筑工业出版社，2017.

［7］ 中建科技有限公司，等. 装配式混凝土建筑施工技术. 北京：中国建筑工业出版社，2017.

［8］ 刘占省. 装配式建筑 BIM 技术应用. 北京：中国建筑工业出版社，2018.